国家电网有限公司

技术标准制修订手册

（第二版）

国家电网有限公司科技创新部 组编

内 容 提 要

制定高质量的技术标准是国家电网有限公司（简称公司）企业标准化工作的基本任务之一。为规范公司技术标准编写，国家电网有限公司科技创新部（简称国网科技部）2016年组织编写《国家电网公司技术标准制修订手册》（简称《手册》）并多次印刷发行，在提升公司技术标准总体质量方面发挥了重要作用。近年来，与标准制修订有关的理论、方法和实践以及国际规则均发生了变化，特别是GB/T 1.1—2009《标准化工作导则　第1部分：标准的结构和编写》进行了修编。因此，国网科技部在总结《手册》应用情况的基础上，2021年根据有关要求的变化组织修编完成《国家电网有限公司技术标准制修订手册（第二版）》，并进一步增强了可读性和易用性，为公司技术标准编审人员提供指导。

本书共22章，第一章～第四章简要阐述相关基本概念，公司技术标准工作概述，标准编写的原则和总体要求，标准的类别、名称、编号、结构和要素。第五章～第二十章按照标准编写顺序，从封面、目次、前言、范围、规范性引用文件、术语和定义、符号和缩略语，到章、条、段、列项、图、表、数学公式、附加信息、附录、索引和综合性内容，逐一给出各要素的编写要求、正确示例、错误示例及分析。第二十一章以详细模板的形式给出编制说明的编写要求。第二十二章给出标准制修订中涉及知识产权问题的处理方法。附录规定了标准中表述条款使用的能愿动词或句型、公司技术标准中的字号和字体，并给出公司技术标准全文编排释义和编排样例。

图书在版编目（CIP）数据

国家电网有限公司技术标准制修订手册 / 国家电网有限公司科技创新部组编. —2版. —北京：中国电力出版社，2021.10（2023.2重印）

ISBN 978-7-5198-6068-4

Ⅰ. ①国…　Ⅱ. ①国…　Ⅲ. ①电力工程–技术标准–中国–手册　Ⅳ. ①TM7-65

中国版本图书馆CIP数据核字（2021）第204581号

出版发行：中国电力出版社
地　　址：北京市东城区北京站西街19号（邮政编码100005）
网　　址：http://www.cepp.sgcc.com.cn
责任编辑：赵　杨（010-63412287）
责任校对：黄　蓓　郝军燕
装帧设计：郝晓燕
责任印制：石　雷

印　　刷：望都天宇星书刊印刷有限公司
版　　次：2016年10月第一版　2021年10月第二版
印　　次：2023年2月北京第五次印刷
开　　本：710毫米×1000毫米　16开本
印　　张：18.75
字　　数：335千字
定　　价：96.00元

本书编写组

主　　编　陈　梅

副 主 编　李　刚　高　芸　王晓刚

编写人员　李　理　是艳杰　潘　抒　和彦淼

王会英　汤国龙　冯自霞　于慧芳

高群策

前　言

制定高质量的技术标准是国家电网有限公司企业标准化工作的基本任务之一，标准文本的规范性则是制定高质量技术标准的重要前提。为提升公司技术标准编制质量，在汇总分析公司技术标准审查中发现的常见问题基础上，按照《国家电网有限公司技术标准管理办法》，参考 GB/T 1.1—2009《标准化工作导则　第 1 部分：标准的结构和编写》，国网科技部于 2016 年组织编制完成《国家电网公司技术标准制修订手册》（简称《手册》）。

《手册》发行以来，公司各单位积极学习应用，在规范公司技术标准编写、提升公司技术标准总体质量方面发挥了重要作用，公司技术标准编制质量得到了明显提高。

GB/T 1.1—2009 发布实施到修订为 GB/T 1.1—2020《标准化工作导则　第 1 部分：标准化文件的结构和起草规则》的十年间，标准化的作用受到越来越广泛的重视，与标准制修订有关的理论、方法和实践以及国际规则均发生了变化，根据 GB/T 1.1 的变化以及《手册》发行后的应用情况，国网科技部组织修编完成《国家电网有限公司技术标准制修订手册（第二版）》。

此次修订的主要内容如下：

（1）第一章更新了基本概念，增加了标准制修订中常用的基础性国家标准及相关标准清单。

（2）增加了第二章“公司技术标准工作概述”。

（3）增加了第三章“标准编写的原则和总体要求”。

（4）增加了第四章“标准的类别、名称、编号、结构和要素”。

（5）增加了第十九章“索引”，包括编写要求及示例。

（6）从第五章～第二十章按照 GB/T 1.1—2020 的新要求，对标准从“封面”到“综合性内容”的编写要求做了相应修改，调整和补充了各章的示例。

（7）第二十一章优化和完善了“编制说明”模板。

（8）第二十二章梳理和更新了标准制修订中涉及知识产权问题的处理方法。

（9）增加了附录 A“标准中表述条款使用的能愿动词或句型”。

（10）增加了附录 B“标准中的字号和字体”。

（11）原附录改为附录 C“技术标准全文编排释义”，并按照 GB/T 1.1—2020 的新要求做了相应修改。

（12）增加了附录 D“技术标准全文编排样例”。

本书前两章简要陈述相关基本概念、公司技术标准工作概述，第三章和第四章阐述标准编写的原则和总体要求，以及标准的类别、名称、编号、结构和要素，从第五章开始按照公司技术标准编写的顺序，依次从封面、目次、前言、范围、规范性引用文件、术语和定义、符号和缩略语，到章、条、段、列项、图、表、数学公式、附加信息、附录、索引、综合性内容以及编制说明，逐一给出编写要求、正确示例、错误示例及分析，最后提出标准制修订中涉及知识产权问题的处理方法。附录 A 规定了标准中表述条款使用的能愿动词或句型，附录 B 规定了公司技术标准中的字号和字体，附录 C 给出技术标准全文编排释义（间插详细编写要求）,附录 D 给出技术标准全文编排样例，可将附录 D 作为编写模板并配合附录 C 使用。

本书的主要特点：一是按照标准的编写顺序编排；二是不仅给出各要素的编写要求，而且逐一给出其正确示例、常见错误示例及分析；三是为满足公司技术标准对编制说明的要求，提供了编制说明的详细模板；四是在附录中给出详、简两种公司技术标准编排释义和样例，以加深读者对技术标准编写相关规则的理解，增强本书的可读性和易用性，从而进一步提升公司技术标准的规范性和适用性。本书可为公司技术标准编审人员提供清晰、系统、全面的指导，也可作为其他标准编审人员的参考资料。

由于标准制修订方面的研究工作还不够深入，加之水平和时间有限，书中难免存在疏漏和不足之处，恳请读者予以指正并提出宝贵意见，以便我们继续研究探索，并不断完善，从而更好地服务于公司技术标准制修订工作。

编　者

2021 年 9 月

本书符号说明

“*[比正文小半号的宋体斜体字]*”“*【比正文小半号的宋体斜体字】*”方括号中的内容是对其前/后文的标准中内容的解释性信息。

加边框：显示在标准文本中的样子。实线框内为正确的文本，虚线框内为错误的文本。

“×”数量不等的叉号：应在标准编写中，用文字内容将其全部替换。

“X”数量不等的字母 X：表示顺序号，如标准顺序号，章、条、示例、图、表等编号，应在标准编写中用阿拉伯数字形式的顺序号将其替换。

“□”数量不等的方框符号：四位表示年、两位表示月等时间信息，应在标准编写中用实际的时间信息将其替换。

“标准化文件的称谓”：按照 GB/T 1.1—2020 的规定，本书的标准文本内容中采用“本文件”统一自称标准/分为部分的标准的某个部分/指导性技术文件/分为部分的指导性技术文件的某个部分。

编写要求中冠以“公司技术标准”，表示严于 GB/T 1.1—2020 的要求。

目　　录

第一章

概　述

一、基本概念

1. 标准化文件　standardizing document

通过标准化活动制定的文件。

[来源：GB/T 1.1—2020，3.1.1]

2. 标准　standard

通过标准化活动，按照规定的程序经协商一致制定，为各种活动或其结果提供规则、指南或特性，供共同使用和重复使用的文件。

[来源：GB/T 1.1—2020，3.1.2]

3. 规范标准　specification standard

规定产品、过程或服务需要满足的要求以及用于判定其要求是否得到满足的证实方法的标准。

[来源：GB/T 20000.5—2017，3.1]

4. 规程标准　code of practice standard

为活动的过程规定明确的程序以及判定该程序是否得到履行的追溯/证实方法的标准。

注 1：过程包括但不限于设计、制造、安装、维护或使用；申请、评定或检验；接待、商洽、签约或交付等。

注 2：履行规程标准中由行为指示构成的程序（见 GB/T 20001.6—2017，6.4）不产生试验结果。

[来源：GB/T 20001.6—2017，3.1]

5. 指南标准　guide standard

以适当的背景知识提供某主题的普遍性、原则性、方向性的指导，或者同时给出相关建议或信息的标准。

［来源：GB/T 20001.7—2017，3.1］

6. 结构　structure

文件中层次、要素以及附录、图和表的位置和排列顺序。

［来源：GB/T 1.1—2020，3.2.1］

7. 正文　main body

从文件的范围到附录之前位于版心中的内容。

［来源：GB/T 1.1—2020，3.2.2］

8. 规范性要素　normative element

界定文件范围或设定条款的要素。

［来源：GB/T 1.1—2020，3.2.3］

9. 资料性要素　informative element

给出有助于文件的理解或使用的附加信息的要素。

［来源：GB/T 1.1—2020，3.2.4］

10. 必备要素　required element

在文件中必不可少的要素。

［来源：GB/T 1.1—2020，3.2.5］

11. 可选要素　optional element

在文件中存在与否取决于起草特定文件的具体需要的要素。

［来源：GB/T 1.1—2020，3.2.6］

12. 必要权力要求　essential claim

实施标准时，某一专利中不可避免被侵犯的权利要求。

［来源：GB/T 20003.1—2014，3.1］

13. 必要专利　essential patent

包含至少一项必要权力要求的专利。

［来源：GB/T 20003.1—2014，3.2］

二、基础性国家标准及相关标准

支撑标准制修订工作的基础性国家标准及相关标准清单见表 1-1。

表 1-1 支撑标准制修订工作的基础性国家标准及相关标准清单

文件编号	文件名称
GB/T 1.1—2020	标准化工作导则 第 1 部分：标准化文件的结构和起草规则
GB/T 1.2—2020	标准化工作导则 第 2 部分：以 ISO/IEC 标准化文件为基础的标准化文件起草规则
GB/T 20000.1	标准化工作指南 第 1 部分：标准化和相关活动的通用术语
GB/T 20000.3	标准化工作指南 第 3 部分：引用文件
GB/T 20000.10	标准化工作指南 第 10 部分：国家标准的英文译本翻译通则
GB/T 20000.11	标准化工作指南 第 11 部分：国家标准的英文译本通用表述
GB/T 20001.1	标准编写规则 第 1 部分：术语
GB/T 20001.2	标准编写规则 第 2 部分：符号标准
GB/T 20001.3	标准编写规则 第 3 部分：分类标准
GB/T 20001.4	标准编写规则 第 4 部分：试验方法标准
GB/T 20001.5	标准编写规则 第 5 部分：规范标准
GB/T 20001.6	标准编写规则 第 6 部分：规程标准
GB/T 20001.7	标准编写规则 第 7 部分：指南标准
GB/T 20001.10	标准编写规则 第 10 部分：产品标准
GB/T 20002.3	标准中特定内容的起草 第 3 部分：产品标准中涉及环境的内容
GB/T 20002.4	标准中特定内容的起草 第 4 部分：标准中涉及安全的内容
GB/T 20003.1	标准制定的特殊程序 第 1 部分：涉及专利的标准
GB/T 2900（所有部分）	电工术语
GB 3100	国际单位制及其应用
GB/T 3101	有关量、单位和符号的一般原则
GB/T 3102（所有部分）	量和单位
GB/T 7714	文后参考文献著录规则
GB/T 15834	标点符号用法
GB/T 16733	国家标准制定程序的阶段划分及代码
GB/T 33450	科技成果转化为标准指南
GB/T 34654	电工术语标准编写规则

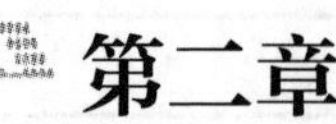

第二章 公司技术标准工作概述

一、公司技术标准工作基本任务

技术标准是公司开展电网规划、建设、运行、检修和营销等活动的主要技术依据。公司技术标准工作应以促进安全生产、提质增效、优质服务为主旨，采取统筹规划、突出重点、分步实施的原则稳步推进，确保公司生产经营中技术事项协调统一。

公司技术标准工作的基本任务：

（1）贯彻落实国家和行业标准化纲要、规划、政策，执行国家有关标准化法律、法规及行业有关规定。

（2）建立健全公司技术标准工作体系。

（3）建立和维护公司技术标准体系。

（4）开展技术标准宣贯培训、试验验证。

（5）实施技术标准并开展监督评价。

（6）建设技术标准人才队伍。

（7）参与国家、行业、团体和国际标准化活动。

二、公司技术标准

公司可根据生产经营的需要制定严于国家标准和行业标准的公司技术标准。制定公司技术标准时鼓励积极利用创新技术。

公司技术标准按照技术成熟度和实施效力分为企业标准和指导性技术文件。企业标准在全公司范围内具有约束性，应优先执行。指导性技术文件是为仍处于技术发展过程中的标准化工作提供指南或信息而制定的标准化文件，供工作中参考使用。

三、公司技术标准工作组织

（1）公司技术标准工作实行统一领导、分工负责的管理方式。公司第三届技术标准专业工作组组织架构图见图 2-1。

（2）国网科技部作为公司科技管理部门归口管理公司技术标准工作。主要职责如下：

1）贯彻落实国家有关标准化法律、法规及行业有关规定。

2）持续优化公司技术标准工作体系，建立健全配套工作机制和管理制度；建设国家技术标准创新基地（智能电网）；管理公司技术标准创新基地；管理公司技术标准专业工作组；协同管理挂靠公司各单位的全国、行业、团体标准化技术委员会和国际标准化组织的秘书处。

3）组织制定并实施公司技术标准战略规划；组织公司重大技术标准专项研究及成果推广应用。

4）组织落实国家、行业标准化重大试点示范工作以及上级标准化行政主管部门下达的相关工作任务；组织参加国家、行业和国际标准化工作，鼓励参与团体标准化工作。

5）建立和维护公司技术标准体系，及时纳入适用的国家标准、行业标准、团体标准及国际标准、国外标准。组织制定并下达公司年度技术标准制修订计划，并组织实施。

6）统筹推动技术标准实施监督评价工作，会同总部业务部门建立健全公司技术标准实施监督评价工作体系，指导建立各专业领域的技术标准实施监督评价工作推进组，指导、协调各专业、各单位技术标准实施监督评价总体工作。

7）建设公司技术标准试验验证体系，定期征集公司技术标准试验验证需求并下达试验验证计划，协调和督导试验验证工作开展。

8）组织开展公司技术标准宣贯和人员培训。

9）管理公司国际标准制修订工作及相关活动。根据国家、行业和公司发展需要，积极推动公司参与中国标准与国际标准、国外标准之间的转化。

10）推进公司技术标准信息化、数字化管理。

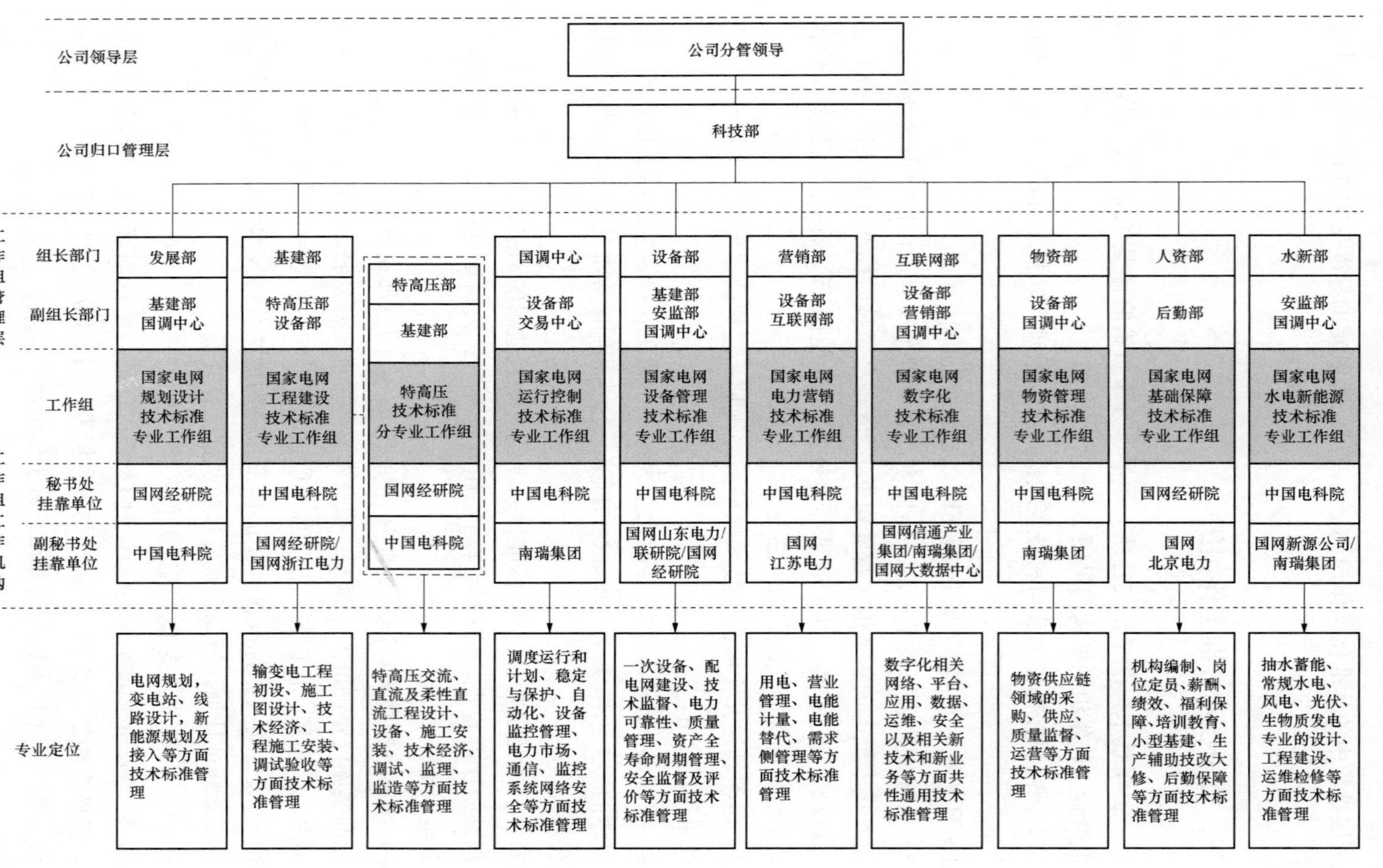

图 2-1　公司第三届技术标准专业工作组组织架构图

（3）国网国际部负责公司参与国际标准活动的外事管理。

（4）总部相关部门应安排专人负责本部门技术标准管理工作。主要职责如下：

1）按照总部机构设置方案规定的职责分工，对其所管理业务领域的技术标准工作负责。

2）对本业务领域公司技术标准专业工作组进行专业管理。

3）提出本业务领域技术标准制修订、试验验证、实施监督评价和国际化建议。

4）组织开展本业务领域技术标准的试验验证。

5）组织开展本业务领域技术标准的宣贯和人员培训。

6）归口负责本专业领域技术标准实施监督评价工作。

（5）公司技术标准专业工作组（简称工作组）是公司各专业领域技术标准工作的专家队伍，在国网科技部归口管理和总部相关部门的指导下开展其专业领域的技术标准相关工作。主要职责如下：

1）编制本专业领域的技术标准体系规划。

2）维护公司技术标准体系中相关分支体系，及时将适用的国家标准、行业标准、团体标准及国际标准、国外标准纳入公司技术标准体系。

3）审查本专业领域的公司技术标准制修订项目建议，配合国网科技部制定公司年度技术标准制修订计划。

4）督促指导标准项目承担单位（简称承担单位）成立编写组，高质量完成技术标准制修订。对本专业领域的公司技术标准组织开展征求意见、送审稿审查、报批、复审等工作。必要时，组织标准大纲、初稿审查和专题研讨。

5）提出本专业领域国家、行业、团体和国际标准制修订建议，参与相关专业领域的国家、行业、团体和国际标准化活动，向总部及有关单位提供技术支撑和服务。

6）组织本专业领域公司技术标准的宣贯。

7）收集、汇总并研究提出本专业领域的技术标准试验验证建议，对试验验证结果组织审查、确认，进行统计分析。

8）协助开展本专业领域技术标准实施监督评价工作。

（6）公司各单位主要职责如下：

1）贯彻落实国家有关标准化法律、法规及行业有关规定。

2）建立健全技术标准工作体系，依据《国家电网有限公司技术标准管理办法》和公司有关管理规定开展技术标准工作。

3）制定并实施本单位技术标准工作规划。

4）管理挂靠本单位的公司技术标准专业工作组秘书处；协同管理挂靠本单位的全国、行业、团体标准化技术委员会和国际标准化组织的秘书处。

5）开展技术标准专项研究及成果推广应用。

6）落实公司标准化重大试点示范、技术标准创新基地建设等工作，以及上级标准化行政主管部门下达的相关工作任务。

7）以公司技术标准体系为基础，审慎纳入各类型的技术标准，建立和维护本单位技术标准体系。

8）提出公司年度技术标准制修订计划项目建议；按照公司年度技术标准制修订计划，在工作组组织和指导下及时组建编写组，并组织其按期高质量完成标准制修订项目；参与国家、行业、团体和国际标准化活动及标准制修订。

9）按照公司统一要求，实施技术标准，并监督检查实施效果。

10）提出技术标准试验验证需求，自主或委托相关技术标准验证实验室开展标准试验验证工作，开展相关对外合作交流。

11）开展本单位技术标准宣贯和人员培训。

四、公司技术标准制修订原则

（1）保证公司技术标准与国家法律、法规、强制性国家标准相一致；保持公司技术标准与国家标准、行业标准、团体标准相协调；避免公司技术标准之间或与其他标准之间存在不必要的重复以及同类技术要求不应有的差异。

（2）充分考虑最新技术发展水平和公司业务发展需要，助力公司科技创新成果的推广应用，保证公司在各项工作中有先进、适用的技术标准可依，促进电网安全、优质、经济运行。

（3）注重系统性、体系化。运用综合标准化方法，统筹规划，合理布局，优化标准体系。采用多部分结构，提升单项标准的覆盖面。

（4）优化标准立项，强化编写质量管控，力求现行标准目标明确、结构清晰、逻辑严谨、表述规范、用词准确、先进适用。

五、公司技术标准制修订流程

公司技术标准制修订按照项目征集、立项、起草、征求意见、审查、批准、发布、复审的流程进行。必要时，经国网科技部与总部相关部门、工作组协商，可采用简化立项、起草和征求意见过程的快速程序制定公司技术标准（本章和第二十二章中提及的表格格式见《国家电网有限公司技术标准管理办法》）。

1. 项目征集

国网科技部每年第三季度会同总部相关部门，结合公司近期发展实际需求及重点工作部署，明确下一年度公司技术标准立项重点，启动项目征集工作。

公司总部各部门、各单位根据公司年度技术标准立项重点，对现行国家标准、行业标准、团体标准、公司技术标准中同类标准及国际标准、国外标准进行充分调研梳理，对相关专业和技术领域的标准体系进行系统分析论证，优先考虑业务发展急需制定及公司技术标准实施监督评价工作中发现的与相关业务不适应、不协调而急需修订的标准，提出技术标准项目建议。项目申报应严格按照要求编写标准建议稿，填写标准项目建议书和标准项目建议汇总表，并经推荐部门、单位初评通过后报送国网科技部。国网科技部根据推荐意向经审查协调后将项目建议分解至各工作组审查。

针对支撑公司重点工程或重要领域发展的标准急需，国网科技部可组织制定公司技术标准制修订增补计划，增补项目原则上应有充分的工作基础，且当年可以完成。

2. 立项

各工作组组织评审本专业领域的立项申请，研究提出公司年度技术标准制修订项目建议，报送国网科技部。

国网科技部对各工作组报送的项目建议进行审核和协调，经公示、征求意见后确定公司年度技术标准制修订计划初稿，协调落实总部标准项目主管部门、归口工作组、承担单位等。计划初稿经总部相关部门会签后，报公司科技工作分管领导批准，形成正式计划予以下达。

在计划执行过程中，如有特殊情况，标准制修订项目第一承担单位（简称第一承担单位）可按照科技项目管理有关规定，申请对项目计划进行调整，在各工作组组织下填写标准项目计划调整申请表，报送国网科技部审批。可调整对象包括标准名称、主要内容、完成时间、总部部门、归口工作组、第一承担单位、参加单位等。标准名称和主要内容也可在制修订各阶段根据专家建议更改，记录在相应的会议纪要中。

按照年度计划安排，总部标准项目主管部门应对标准制修订全过程负责；对于有多个总部标准项目主管部门的项目，牵头部门应会同配合部门共同在标准起草、征求意见、审查、报批、复审等重要环节发挥指导作用。牵头和配合部门应委派本部门相关人员或专家代表至少参加一次项目工作会议，并参加送审稿审查会和复审会议。

3. 起草

公司年度技术标准制修订计划下达后，由各项目的归口工作组确定计划实施进度安排及有关工作要求，督促指导承担单位成立编写组，并对其工作进行指导和监督。

第一承担单位和参加单位应参照公司科技项目管理有关规定（含财务要求）执行计划。遴选具备较强责任心、大局观、法律意识、协调能力、职业素养、专业知识、语言文字驾驭水平并乐于听取不同意见、熟悉标准编制规定的专业人员组成编写组，由第一承担单位人员担任组长。编写组成员应具有广泛代表性，宜包括标准主要相关方的代表。相关单位应保证编写组人员的工作时间。

编写组应按照项目要求起草标准，在科学技术研究和实践经验基础上充分收资，深入调研论证，与总部相关部门充分沟通并广泛征求意见。应按照《国家电网有限公司技术标准试验验证管理办法》的要求，对标准中涉及的重要参数和指标完成必要的试验验证。应关注标准的技术内容涉及知识产权的问题，并按照第二十二章规定的方式处置。

编写组宜采用标准编写工具（模板）起草标准，完成标准讨论稿后，宜提请归口工作组组织或自行组织专家进行初审或专题研讨。编写组根据初审意见讨论、修改后形成标准征求意见稿。

4. 征求意见

标准征求意见稿完成后，应提交归口工作组；下达计划中含关键指标验证要求的项目应一并提交试验验证报告，其他项目如有也应附上；涉及知识产权的项目应一并提交知识产权信息批露文件等相关证明材料。由牵头的总部标准项目主管部门或由其委托归口工作组，组织对征求意见稿及相关材料征求意见（可通过公司技术标准工作网站、邮件、发函，或其他多种方式）。征求意见的对象应具有广泛代表性，包括总部相关部门、分部、省公司以及公司系统内科研、试验、设计、建设、运行等标准主要使用单位及相关专家。对于涉及 5 个及以上总部部门的，应由牵头的总部标准项目主管部门发函专门征集其他总部相关部门意见，并将发函文件纳入报批材料。征求意见时间原则上不应少于 30 天。必要时，还应向公司系统外有关科研院所、设计机构、大专院校、制造企业等单位和相关专家征集意见。

公司总部相关部门、有关单位及专家，应对公司技术标准征求意见稿及相关材料，予以认真研究，充分表达意见并按时反馈。必要时，可要求编写组补充相关材料。

编写组应对征集到的意见逐一研究，确定“采纳”或“部分采纳”或“不采纳”，“部分采纳”或“不采纳”应说明理由，并填写征求意见汇总处理表。编写组根据意见修改后形成送审文件。

送审文件包括：

（1）标准送审稿（含编制说明），电子版。

（2）如有应附：标准项目计划调整申请表，电子版。

（3）征求意见汇总处理表，电子版。

（4）知识产权说明书。如涉及知识产权，还应附已披露的知识产权信息汇总清单及相关证明材料、知识产权拥有人（方）/申请人（方）签署的知识产权实施许可声明表，纸质版和电子版。

（5）下达计划中含关键指标验证要求的项目，应附试验验证报告。其他项目如有也应附上，纸质版和电子版。

（6）如有应附：采用/规范性引用的国际标准、国外标准原文和译文电子版。

（7）如有应附：其他支撑材料。

5. 审查

（1）审查的组织。

1）牵头的总部标准项目主管部门应在归口工作组配合下组织标准送审稿审查。每次审查时专家人数不应少于 9 人，其中包括工作组委员 6 人、编写规范性审查专家 1 人，牵头和配合部门均应委派本部门相关人员或专家代表参加。审查专家应能代表标准所涉及的主要技术领域和使用环节，鼓励邀请业务相关的其他工作组的委员作为审查专家。

2）审查应采用会议审查（简称会审）方式（专家可现场参会或远程参会）。会审要求：

a. 编写组应提前 7 天（若有特殊原因可适当缩短，但不应少于 3 天），将送审文件提交会审专家。

b. 会审应形成标准送审稿审查意见、标准送审稿审查意见汇总表、标准送审文件审查意见汇总表，一并经审查组组长签字确认。

c. 会审专家应填写标准审查会议专家签到表。

d. 会审原则上应协商一致，如需表决，必须经到会（包括远程参会）审查专家的 3/4 以上同意方为通过，并形成标准送审稿表决纪要。

3）编写组应根据审查意见，修改完成标准报批稿，并形成报批文件。

4）若审查意见分歧较大，必要时可开展调查研究或补充试验验证工作。编写组对标准送审稿做重大修改后应重新征求意见，并再次送审。

（2）审查的项目包括文件齐全性审查；程序符合性审查；标准协调性审查；内容合理性审查；编写规范性审查；内容涉密性审查；涉及知识产权问题审查；其他有助于提升标准质量的审查。审查项目及其内容详见表 2-1。并应根据标准的技术成熟度和实施效力，提出以企业标准或指导性技术文件发布的建议。

表 2-1　　技术标准审查项目及其内容

序号	审查项目	审查内容
1	材料齐全性	标准送审稿（含编制说明）
		征求意见汇总处理表
		知识产权说明书及相关文件
		电子文本和纸质文本是否一致
2	程序符合性	标准制修订程序和完成时间是否符合计划和合同要求
		征求意见范围是否合适、是否具有代表性
		起草人是否兼任审查人
		征求意见处理是否恰当
		对项目任务书（标准名称、内容等）的更改是否有合理的说明
3	标准协调性	是否符合国家相关法律、法规、强制性标准
		是否与同级及以上标准的相关技术内容协调
		是否与本领域基础通用标准的相关技术内容协调
		规范性引用文件是否为现行版本
		规范性引用文件清单中的文件与正文引用文件是否一致（包括版本、提及的具体内容）
		规范性引用的国家标准的实施效力（强制性/推荐性）是否正确
		前后文之间的引用是否准确
		与配套使用的其他标准之间的引用是否准确
		结构、体例是否协调统一，术语是否全文一致

续表

序号	审查项目	审查内容
4	内容合理性	是否符合技术先进、经济合理、安全可靠的原则
		是否达到编制目标
		核心技术要素是否符合对应功能标准必备要素规定
		技术要求与证实方法是否逐一对应
		条款是否便于应用和易于被其他文件引用
		附录为规范性或资料性是否恰当，附录顺序和编号是否正确
5	编写规范性	封面基本信息是否正确，标准名称是否简要、准确、无歧义，英文名称及大小写是否正确
		目次的层次是否合适、编排是否规范
		前言内容是否完整、规范
		范围界定是否严谨
		规范性引用文件引导语是否最新版，清单编排是否规范，注日期/不注日期是否合适
		术语在文中是否至少使用两次，术语和定义的编排是否规范，表述是否精准，是否循环定义
		能愿动词使用是否正确，条款表述是否规范，要求型条款中是否有不确定含意的常用词
		规范性与资料性内容是否严格界定、正确表述
		章、条、段的编排及格式是否规范，是否有悬置段
		列项的编排及格式是否规范、是否缺少引语
		图/表是否有正确的图/表号和题，是否在条文中提及，字体字号是否符合要求，其中说明、注和脚注的表述和编排是否正确
		数学公式是否有正确的编号，是否在条文中提及，其中的量是否用符号表示，所有量是否均给出说明，说明的编排是否正确
		附录在正文中的提及形式与附录的作用是否对应
		各要素中能否包含要求
		术语标准是否设置了索引
		资料性引用文件是否列入参考文献
		编制说明内容和表述是否按照模板要求编写
		版面和页码是否无误；是否有符合要求的终结线

续表

序号	审查项目	审查内容
6	内容涉密性	是否涉及公司商业机密
		是否涉及公司技术机密
		是否涉及公司信息安全
		标准中有关产品、服务的功能指标和产品的性能指标的内容是否可声明公开
		标准是否可对公司系统外公开发行
		参与标准制修订的系统外单位人员是否履行合规手续
7	涉及知识产权	标准条款及附加信息中是否涉及专利、著作权等知识产权
		规范性引用的国内标准中是否涉及知识产权
		采用/规范性引用国际标准或国外标准中是否涉及知识产权
		涉及知识产权的相关技术内容与标准内容是否吻合
		是否合规处置
		是否有遗留问题，遗留问题是否有解决方案，有否法律风险

6. 批准

（1）标准报批要求：归口工作组负责审核第一承担单位所提交的报批材料是否齐全，电子文本和纸质文本是否一致，盖章签字是否齐全、真实、有效及标准格式是否规范。审查通过后，由牵头的总部标准项目主管部门填写标准报批函、报批标准清单，整合标准报批材料，形成报批文件，报送国网科技部。

（2）报批文件应提交电子版，其中盖章或签字文件、征求意见汇总表及知识产权实施许可声明等还应提交纸质原件各 1 份（远程参会的专家可电子签名）。

（3）报批文件包括：

1）标准报批函，报批标准清单，纸质版和电子版。

2）标准报批稿（含编制说明），电子版。

3）如有应附：标准项目计划调整申请表，纸质版。

4）征求意见汇总处理表，纸质版和电子版。

5）如有应附：征求意见所有通知和函件（包括跨部门通知和函件），纸质版和电子版。

6）标准送审稿审查意见、标准送审稿审查意见汇总表、标准送审文件审查意见汇总表，纸质版和电子版。

7）标准审查会议专家签到表，纸质版和电子版。

8）如有应附：标准送审稿表决纪要，纸质版和电子版。

9）知识产权说明书。如涉及知识产权，还应附已披露的知识产权信息汇总清单及相关证明材料、知识产权拥有人（方）/申请人（方）签署的知识产权实施许可声明表，纸质版和电子版。

10）下达计划中含关键指标验证要求的项目，应附试验验证报告，其他项目如有也应附上，纸质版和电子版。

11）如有应附：采用/规范性引用的国际标准、国外标准的原文和译文电子版。

12）如有应附：其他支撑材料。

（4）如果标准名称更改，除标准报批稿和报批清单中“更改的标准名称”栏用新名称外，报批文件中其他提及的标准名称应为计划名称，有关更名情况应在标准送审稿审查意见中说明。

（5）审查通过的公司技术标准应在审查会后 6 个月内完成报批。6 个月内未报批的，应重新征求意见并完成后续流程。

（6）所有项目的报批工作均应在制修订计划规定的截止日期前完成。如因技术不成熟等客观原因确需延期的，应至少在截止日期的 30 天前向归口工作组报送标准项目计划调整申请表，并最迟在截止日期的 10 天前通过国网科技部批准。每个项目原则上只允许延期 1 次，最长延期时间不超过 1 年。如未在截止日期前完成报批，则该项目以结题形式终止，并提交由牵头的总部标准项目主管部门出具的有关情况说明、标准稿及过程文件。

7. 发布

国网科技部接收报批文件后，对文件齐全性、程序符合性、相关标准协调性、内容合理性、编写规范性等进行审查。

经国网科技部审查通过的公司技术标准在该项目所涉及的总部相关部门流转会签，完成审定。

若有总部部门提出异议，经协商后无法达成一致，项目未通过会签，则该项目以结题形式终止。

公司技术标准通过审查、审定后，以公司文件形式发布。经核准公开发布的公司技术标准由公司认可的出版社统一印刷出版。

公司遵循企业标准自我声明公开制度，依法对外公开所执行的国家标准、行业标准、团体标准、公司技术标准的编号和名称，并公开公司技术标准中产品、服务的功能指标和产品的性能指标。

8. 复审

工作组应持续跟踪技术标准实施情况，根据国网科技部的统一安排，组织技术标准复审工作。

企业标准的复审周期一般为 3 年，指导性技术文件发布后 3 年内必须复审。

复审内容包括标准的适用范围、技术水平、技术指标、各项规定及要求、规范性引用文件有效性、相关标准的交叉重复性、标准试验验证必要性等。

企业标准复审结论分为继续有效、修订或废止。继续有效表示标准的内容仍然适用，不需要修改；修订表示标准的内容已不完全适用，需做修改；废止表示标准的内容已不再适用、失去指导意义、标准无存在必要。

指导性技术文件复审结论分为转化为企业标准或废止。

企业标准复审后确定需要修订的、指导性技术文件复审后确定需要转化为企业标准的，应纳入公司技术标准制修订流程统一管理。

标准复审采取会审形式（专家可现场参会或远程参会），审查专家不应少于 9 人，其中工作组委员原则上不少于 6 人，总部相关部门均应委派本部门人员或专家代表参会。审查专家应能代表标准所涉及的主要技术领域和使用环节，鼓励邀请业务相关的其他工作组的委员作为审查专家。

复审应形成标准复审意见，填写标准复审意见汇总表，经审查组组长签字确认。

工作组应向国网科技部提交复审文件的纸质版和电子版（远程参会的专家可电子签名），其中盖章或签字文件还应提交纸质原件。

复审文件包括：

（1）标准复审会议专家签到表，纸质版和电子版。

（2）标准复审意见汇总表，纸质版和电子版。

（3）如有应附：试验验证报告等试验验证说明文件，纸质版和电子版。

（4）如有应附：知识产权相关材料，纸质版和电子版。

（5）如有应附，其他相关材料。

9. 废止

指导性技术文件转化的企业标准发布之日起，原指导性技术文件自动废止。确定废止的公司技术标准，由公司统一发文公告。

第三章

标准编写的原则和总体要求

一、总体原则

编制技术标准的目标是规定清楚、准确和无歧义的条款，能够被相关的专业人员所理解且易于应用，促进贸易、交流以及技术合作，并为未来技术发展提供框架。为此，起草标准时宜遵守以下总体原则：

（1）充分考虑最新技术水平和当前的市场情况，认真分析所涉及领域的标准化需求。

（2）在准确把握标准化对象、标准使用者和标准编制目的的基础上，明确标准的类别和/或功能类型，选择和确定标准的规范性要素，合理设置和编写标准的层次和要素，准确表达标准的技术内容。

二、规范性要素的选择原则

1. 标准化对象原则

编制标准的过程中需要考虑标准化对象或领域的相关内容，确认拟标准化的是产品/系统、过程或服务；是一个完整的标准化对象，还是一项标准化对象的某些方面，据此确定标准的结构、类别、规范性要素的构成及其技术内容的选取。

例如，国家电网通信管理系统是一个完整的标准化对象，其结构可分成技术基础、规划设计、工程建设、运行维护等几个方向，每个方向各形成一项标准；每个方向又可细分为多个方面，可按不同方面形成若干部分标准，从而构成国家电网通信管理系统完整的标准体系。

又如，电动汽车充换电设施的这个标准化对象，可根据需要确定类别，选取不同的规范性要素，形成《电动汽车充换电设施术语》《图形标志　电动汽车充换电设施标志》等基础标准；《电动汽车充换电设施规划导则》《电动汽车充换电设施典型设计》等指南标准；《电动汽车充换电设施接入电网技术规范》《电动汽车充换电设施电能质量技术要求》等规范标准；《电动汽车充换电设施运行管理规程》等规程标准；《轻型汽车污染物排放限值及测量方法》等试验标准；《电动汽车安全要求》《电动汽车用动力蓄电池安全要求》《轻型汽车污染物排放限值及测量方法》等涉及安全的标准。

2. 标准使用者原则

编制标准的过程中需要考虑标准的使用者，依据使用者关注的是结果还是过程，确立规范性要素的构成和内容。标准使用者不同，对于将标准确定为规范标准、规程标准或试验标准等会产生影响，则标准的结构和表述方式也会不同。

关注结果的标准，是为产品/系统、过程或服务规定需要满足的要求，并且描述用于判定这些要求是否得到满足的证实方法，主要使用者是设计、制造、试验、检测方和用户，例如前述电动汽车充换电设施标准体系中的规范标准和试验标准。

关注过程的标准为活动的过程规定明确的程序，并且描述判定该程序是否得到履行的追溯/证实方法，主要使用者是设备/设施的运行维护机构和用户，例如前述电动汽车充换电设施标准体系中的规程标准。

3. 目的导向原则

编制标准的过程中需要以目的为导向，逐步确立标准的类别、标准化的内容或特性。编制目的不同，规范性要素中需要标准化的内容或特性就不同；编制目的越多，选取的内容或特性就越多。

前述电动汽车充换电设施标准体系中，基础标准目的是为促进相互理解；指南标准和规范标准目的是为保证可用性、互换性、兼容性、相互配合或品种控制；涉及安全的标准，目的是为保障安全、健康及环境保护。

根据标准不同的功能和特定内容，应分别按照基础性国家标准 GB/T 20001 和 GB/T 20002 相应部分的编写要求（见表 1-1），形成不同结构和表述方式的标准。

三、标准的表述原则

1. 一致性原则

每项标准内或分为部分的标准各部分之间，其结构以及要素的表述宜保持一致。为此：

（1）相同的条款宜使用相同的用语，类似的条款宜使用类似的表述。

（2）同一个概念宜使用同一个术语，避免使用同义词。

（3）相似内容的要素标题和编号宜尽可能相同。

注：一致性对于帮助标准使用者理解标准（特别是分为部分的标准）的内容尤其重要，对于使用自动文本处理技术以及计算机辅助翻译也是同样重要的。

2. 协调性原则

起草的标准与现行有效的标准之间宜相互协调，避免重复和不必要的差异。为此：

（1）针对一项标准化对象的规定宜尽可能集中在同一项标准中。

（2）通用的内容宜规定在同一项标准中，形成通用标准或通用部分（见第四章第四条）。

（3）标准的起草宜遵守基础标准和领域内通用标准的规定，如有适用的国际标准宜尽可能采用。

（4）需要使用标准自身其他位置的内容或其他标准中的内容时，宜采取引用或提示的表述形式（见第二十章第三条）。

3. 易用性原则

标准内容的表述宜便于直接应用，并且易于被其他标准引用或剪裁使用。

四、总体要求

起草标准时应在选择规范性要素的基础上确定标准的预计结构和内在关系（见第四章第四条）。

标准中不应规定诸如索赔、担保、费用结算等合同要求，也不应规定诸如行政管理措施、法律责任、罚则等法律、法规要求。

起草标准在符合 GB/T 1.1 的基础上，还应符合以下规定：

（1）不同功能类型标准（见第四章第一条）应符合 GB/T 20001 相应部分的规定（见表 1-1）。

（2）标准中某些特定内容应符合 GB/T 20002 相应部分的规定（见表 1-1）。

（3）与国际标准有一致性对应关系的我国标准应符合 GB/T 1.2—2020 的规定。

第四章 标准的类别、名称、编号、结构和要素

一、标准的类别

确认标准的类别能够帮助起草者按照对应的编写规则起草更适用的标准。

按照不同的属性可以将标准划分为不同的类别。

（1）按照标准化对象可以将标准划分为以下对象类别：

1）产品标准，规定产品需要满足的要求以保证其适用性的标准。

2）过程标准，规定过程需要满足的要求以保证其适用性的标准。

3）服务标准，规定服务需要满足的要求以保证其适用性的标准。

注：按照具体的标准化对象，通常将产品标准进一步分为原材料标准、零部件/元器件标准、制成品标准和系统标准等。其中系统标准指规定系统需要满足的要求以保证其适用性的标准。

（2）按照标准内容的功能可以将标准划分为以下功能类型：

1）术语标准，界定特定领域或学科中使用的概念的指称及其定义的标准。

2）符号标准，界定特定领域或学科中使用的符号的表现形式及其含义或名称的标准。

3）分类标准，基于来源、构成、性能或用途等相似特性对产品、过程或服务进行有规律的划分、排列或者确立分类体系的标准。

4）试验标准，在适合指定目的的精密度范围内和给定环境下，全面描述试验活动以及得出结论的方式的标准。

5）规范标准，为产品、过程或服务规定需要满足的要求并且描述用于判定该要求是否得到满足的证实方法的标准。

6）规程标准，为活动的过程规定明确的程序并且描述用于判定该程序是否得到履行的追溯/证实方法的标准。

7）指南标准，以适当的背景知识提供某主题的普遍性、原则性、方向性的指导，或者同时给出相关建议或信息的标准。

二、标准名称

（1）标准名称是对标准所覆盖主题的清晰、简明、无歧义的描述，应力求简练、准确地表述标准的主题，使之与其他标准易于区别。标准名称不应涉及不必要的细节，任何必要的补充说明应由范围给出。

（2）任何标准均应有名称（包括中文名称和英文译名），公司技术标准的中文名称应置于封面中、正文首页最上方和编制说明首页中，英文译名应置于封面中。

（3）标准名称由尽可能短的几种元素组成，通常所使用的元素应不多于三种，即引导元素、主体元素和补充元素。在标准名称中这三个要素的顺序按照由一般到特殊排列，即引导元素+主体元素+补充元素。三种元素分别表示：

1）引导元素：为可选元素，表示标准所属的领域。

2）主体元素：为必备元素，表示上述领域内标准所涉及的标准化对象。

3）补充元素：为可选元素，表示上述标准化对象的特殊方面，或者给出某标准与其他标准，或分为部分的标准的各部分之间的区分信息（在分为部分的标准名称中补充要素也是必备的）。

（4）如果省略引导元素会导致主体元素所表示的标准化对象不明确，那么标准名称中应有引导元素。

示例：

正　确：农业机械和设备　散装物料机械　技术规范

不正确：　散装物料机械　技术规范

（5）如果主体元素（或者同补充元素一起）能确切地表示标准所涉及的标准化对象，那么标准名称中应省略引导元素。

示例：

正　确：　工业用过硼酸钠　堆积密度测定

不正确：化学品　工业用过硼酸钠　堆积密度测定

（6）对于补充元素，如果标准只包含主体元素所表示的标准化对象的：

1）一个或两个方面，那么标准名称中应有补充元素，以便指出所涉及的具体方面。

2）两个以上但不是全部方面，那么在标准名称的补充元素中应由一般性的词语（例如技术要求、技术规范等）来概括这些方面，而不必一一列举。

3）所有必要的方面，并且是与该标准化对象相关的唯一现行文件，那么标准名称中应省略补充元素。

示例：

正　确：咖啡研磨机

不正确：咖啡研磨机　术语、符号、材料、尺寸、机械性能、额定值、试验方法、包装

（7）当标准分成若干个部分时，部分的名称中应包含“第 X 部分：”（X 为使用阿拉伯数字的部分编号），后跟补充元素。每个部分名称的补充元素应不同，以便区分和识别各个部分，而引导元素（如果有）和主体元素应相同。各个部分的名称应满足：

1）标准名称中应有补充元素。这时名称必须采用分段式，可以是“主体元素+补充元素”的两段式，也可以是“引导元素+主体元素+补充元素”的三段式。

2）在补充元素之前需要加上“第 X 部分：”其中的“X”应是阿拉伯数字，并且要和部分的编号相同。

3）每个部分的主体元素应保持相同，如果标准名称中有引导元素，则引导元素也应相同。

示例：

GB/T 14XX8.1　低压开关设备和控制设备　第 1 部分：总则

GB/T 14XX8.2　低压开关设备和控制设备　第 2 部分：断路器

（8）标准名称中必要的元素不应省略，避免扩大标准的范围，出现“大帽子、小内容”的错误。

示例：

正　确：油浸式变压器技术要求

不正确：油浸式变压器

示例：

正　确：航天 1100MPa/235℃级单耳自锁固定螺母

不正确：航天级单耳自锁固定螺母

（9）标准名称中宜避免包含限制文件范围的细节，出现“小帽子、大内容”的错误。然而，当文件仅涉及一种特定类型的产品/系统、过程或服务时，应在文

件名称中反映出来。

示例：

正　确：机械齿轮碳氧共渗金相检验

不正确：汽车机械齿轮碳氧共渗金相检验

（10）标准名称中不应包含“××××标准”“××××指导性技术文件”“××××公司企业标准”“××××指导性技术文件”等词语。

示例：

正　确：城市基础地理信息系统

不正确：城市基础地理信息系统技术标准

示例：

正　确：微纳米标准样板

不正确：微纳米样板标准

（11）由多个元素构成的标准名称各个元素的词语不应重复，各元素中不同用语的概念也不应重复。

示例：

正　确：变电站自动化系统技术规范　第 2 部分：主站

不正确：变电站自动化系统技术规范　第 2 部分：主站技术规范

（12）标准名称中含有“规范”，则标准中应包含要素“要求”以及与每项“要求”逐一对应的“证实方法”；标准名称中含有“规程”，则标准宜以推荐和建议的形式起草；标准名称中含有“指南”，则标准中不应包含要求型条款，宜使用推荐型或陈述型条款。

（13）标准的英文译名尽可能从相应的国际标准或国外标准的英文名称或英文译名中选取。在采用国际标准时，宜采用原标准的名称或英文译名。不同功能类型标准的名称中应含有表示标准功能类型的词语，所用词语及其英文译名宜从表 4-1 中选取并加“s”。表 4-2 摘录了《关于印发〈国家标准英文版翻译指南〉的通知》（国家质量技术监督局质技监局标函〔2000〕39 号）中标准的英文译名常用词，供选用并加“s”。例如，涉及试验方法的标准，英文译名的表述方式应为“Test method…”或“Determination of…”。应避免用“Method of testing…”“Method for the determination of…”“Test code for the measurement of…”“Test on…”等表述形式。英文译名中通用词汇宜从表 4-1 和表 4-2 中选取。

表 4-1　　标准名称中表示标准功能类型的词语及其英文译名

标准功能类型	名称中的词语	英文译名
术语标准	术语	vocabulary
符号标准	符号、图形符号、标志	symbol，graphical symbol，sign
分类标准	分类、编码	classification，coding
试验标准	试验方法、××××的测定	test method，determination of …
规范标准	规范	specification
规程标准	规程	code of practice
指南标准	指南	guidance，guideline

表 4-2　　《国家标准英文版翻译指南》中标准的英文译名

名称中的词语	英文译名
指南（导则） 技术导则 指导性技术文件	directive/guide/guideline technical guidelines for technical guide
规范 总规范 通用规范 技术规范	specification generic specification general specification technical specification
规则（规定）	rule
手册	handbook

三、标准的编号

公司技术标准中企业标准的编号方法按照格式 1，指导性技术文件的编号方法按照格式 2。

格式 1：Q/GDW XXXXX—□□□□

格式 2：Q/GDW/Z XXXXX—□□□□

其中：

Q/GDW ——国家电网有限公司企业标准代号

Q/GDW/Z ——国家电网有限公司指导性技术文件代号

XXXXX ——标准顺序号

□□□□ ——发布年份号

四、标准的结构

（1）按照标准内容的从属关系，可以将标准划分为若干层次。公司技术标准可能具有的层次及其编号示例见图 4-1。

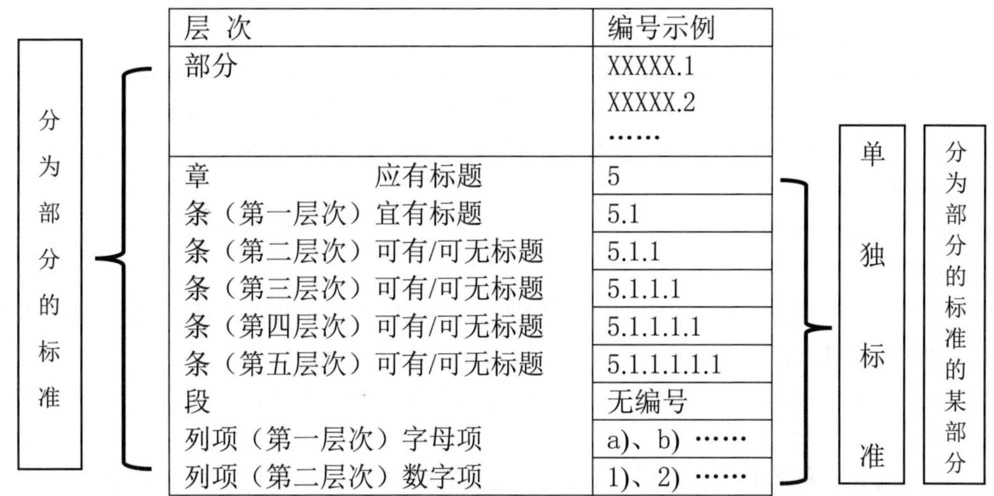

层　次	编号示例
部分	XXXXX.1 XXXXX.2 ……
章　应有标题	5
条（第一层次）宜有标题	5.1
条（第二层次）可有/可无标题	5.1.1
条（第三层次）可有/可无标题	5.1.1.1
条（第四层次）可有/可无标题	5.1.1.1.1
条（第五层次）可有/可无标题	5.1.1.1.1.1
段	无编号
列项（第一层次）字母项	a)、b) ……
列项（第二层次）数字项	1)、2) ……

图 4-1　标准的层次及其编号示例

（2）公司技术标准根据层次结构分为单独标准和分为部分的标准。公司指导性技术文件根据结构分为单独指导性技术文件和分为部分的指导性技术文件。

（3）针对一项标准化对象通常可编制成一项无须细分的单独标准。综合考虑下列情况，也可将一项标准分为若干部分编制，部分不应进一步细分为分部分：

1）标准篇幅过长。

2）标准使用者需求不同，例如生产方、供应方、采购方、检测机构、认证机构、立法机构、管理机构等。

3）标准编制目的不同，例如保证可用性，便于接口、互换、兼容或相互配合，利于品种控制，保障健康、安全，保护环境或促进资源合理利用，以及促进相互理解和交流等。

（4）分为部分的标准中各部分不是独立标准，是一项标准内部结构的组成之一，是标准中一个重要的层次。每个部分可以单独制定、修订和发布，并与单独标准遵守同样的起草原则和规则，一项标准的所有部分具有同一个标准顺序号，所有部分标准名称中的引导元素和主体元素均相同，只是补充元素各异。通过分为部分的标准，将一项标准化对象的各个方面或内容放在统一标准顺序号下的不同部分中，既方便标准管理，也方便标准使用。部分的编号应置于标准编号中的顺序号之后，使用从 1 开始的阿拉伯数字，并用下脚点与顺序号相隔（例如 XXXXX.1、XXXXX.2 等），见示例 4-1。部分的划分通常是连续的，见示例 4-2 和示例 4-3。

【示例 4-1】

Q/GDW 11304.1—2015　电力设备带电检测仪器技术规范　第 1 部分：通用

Q/GDW 11304.2—2015　电力设备带电检测仪器技术规范　第 2 部分：红外热像仪

Q/GDW 11304.3—2015　电力设备带电检测仪器技术规范　第 3 部分：紫外成像仪

Q/GDW 11304.4—2015　电力设备带电检测仪器技术规范　第 4 部分：油中溶解气体分析仪

Q/GDW 11304.5—2015　电力设备带电检测仪器技术规范　第 5 部分：高频法局部放电检测仪

Q/GDW 11304.6—2018　电力设备带电检测仪器技术规范　第 6 部分：电力设备接地电流检测仪

……

（5）按照部分的划分原则[见第四章第四条（3）]可以将一项标准分为若干部分。在开始起草分为部分的标准之前宜考虑并确立：

1）标准拟分为部分的原因以及标准分为部分后各部分之间的关系。

2）分为部分的标准中预期的每个部分的名称和范围。

（6）可使用两种方式将标准分为若干部分：

1）将标准化对象分为若干个特殊方面，每个部分分别涉及其中的一两个方面，并且能够单独使用，见示例 4-2。

2）将标准化对象分为通用和特殊两个方面，通用方面作为标准的第 1 部分，特殊方面（可修改或补充通用方面，不能单独使用）作为标准的其他各部分，见示例 4-3。起草这类标准时，有必要事先研究各部分的安排，考虑是否将第 1 部分预留给诸如“总则”“术语”等通用方面。

【示例 4-2】

第 1 部分：术语
第 2 部分：要求
第 3 部分：试验方法
第 4 部分：安装要求
……

【示例 4-3】

第 1 部分：通用要求
第 2 部分：热学要求
第 3 部分：空气纯净度要求
第 4 部分：声学要求
……

（7）值得说明的是，分为部分的标准无论分为多少部分都只是一项标准，不应称为系列标准。系列标准是不同标准号的多项标准组成的标准体系，只是对应于某种应用需求而相互关联，见示例 4-4。其中任一项标准都可以与其他标准组成其他标准体系，适用于其他标准化需求。

【示例 4-4】

ISO 19000—2008 质量管理系统　基础和术语
ISO 19001—2008 质量管理系统　要求
ISO 19004—2000 质量管理系统　业绩改进指南

（8）标准各要素的类别、构成及表述形式见表 4-3。

（9）标准按照功能可分为 7 种类型，见表 4-1。其中常用功能类型的标准结构应遵循基础性国家标准的规定，见表 1-1。

（10）规范标准的结构及其要素的典型编排应遵循 GB/T 1.1 和 GB/T 20001.5 的规定，见表 4-4。试验方法标准的结构及其要素的典型编排应遵循 GB/T 1.1 和 GB/T 20001.4 的规定，见表 4-5。规程标准的结构及其要素的典型编排应遵循 GB/T 1.1 和 GB/T 20001.6 的规定，见表 4-6。产品标准的结构及其要素的典型编排应遵循 GB/T 1.1 和 GB/T 20001.10 的规定，见表 4-7。

表 4-3　　　　标准各要素的类别、构成及表述形式

<table>
<tr><th colspan="2" rowspan="2">要素内容和编排顺序</th><th colspan="2">要素的类别</th><th rowspan="2">要素的构成</th><th rowspan="2">要素所允许的表述形式</th></tr>
<tr><th>必备或可选</th><th>规范性或资料性</th></tr>
<tr><td colspan="2">封面</td><td>必备</td><td>资料性</td><td rowspan="3">附加信息</td><td>标明文件信息</td></tr>
<tr><td colspan="2">目次</td><td>必备</td><td>资料性</td><td>列表（自动生成的内容）</td></tr>
<tr><td colspan="2">前言</td><td>必备</td><td>资料性</td><td>条文、注、脚注、指明附录</td></tr>
<tr><td colspan="2">范围</td><td>必备</td><td>规范性</td><td>条款
附加信息</td><td>条文、表、注、脚注</td></tr>
<tr><td colspan="2">规范性引用文件</td><td>必备</td><td>资料性</td><td>附加信息</td><td>清单、注、脚注</td></tr>
<tr><td colspan="2">术语和定义</td><td>必备</td><td>规范性</td><td>条款
附加信息</td><td>条文、图、数学公式、示例、注、引用、提示</td></tr>
<tr><td colspan="2">符号和缩略语</td><td>可选</td><td>规范性</td><td rowspan="5">条款
附加信息</td><td rowspan="5">条文、图、表、数学公式、示例、注、脚注、引用、提示、指明附录</td></tr>
<tr><td colspan="2">分类和编码/系统构成</td><td>可选</td><td>规范性</td></tr>
<tr><td colspan="2">总体原则和/或总体要求</td><td>可选</td><td>规范性</td></tr>
<tr><td colspan="2">核心技术要素</td><td>必备</td><td>规范性</td></tr>
<tr><td colspan="2">其他技术要素</td><td>可选</td><td>规范性</td></tr>
<tr><td colspan="2">索引</td><td>可选</td><td>资料性</td><td>附加信息</td><td>列表（自动生成的内容）</td></tr>
<tr><td rowspan="8">编制说明</td><td>封面</td><td rowspan="8">必备</td><td rowspan="8">资料性</td><td rowspan="8">附加信息</td><td>文字</td></tr>
<tr><td>目次</td><td>文字</td></tr>
<tr><td>编制背景</td><td>条文</td></tr>
<tr><td>编制原则</td><td>条文</td></tr>
<tr><td>与其他标准文件的关系</td><td>条文</td></tr>
<tr><td>主要工作过程</td><td>条文</td></tr>
<tr><td>结构和内容</td><td>条文</td></tr>
<tr><td>条文说明</td><td>条文、图、表、数学公式、注、脚注</td></tr>
<tr><td colspan="2">终结线</td><td>必备</td><td>资料性</td><td>附加信息</td><td>线条</td></tr>
<tr><td colspan="6">注：表中各类要素的前后顺序即其在标准中所呈现的具体位置。</td></tr>
</table>

表 4-4 规范标准的结构及其要素的典型编排

<table>
<tr><th colspan="2" rowspan="2">要素内容和编排顺序</th><th colspan="2">要素的类别</th><th rowspan="2">要素的构成</th><th rowspan="2">要素所允许的表述形式</th></tr>
<tr><th>必备或
可选</th><th>规范性或
资料性</th></tr>
<tr><td colspan="2">封面</td><td>必备</td><td>资料性</td><td>附加信息</td><td>标明标准的信息</td></tr>
<tr><td colspan="2">目次</td><td>必备</td><td>资料性</td><td>附加信息</td><td>列表（自动生成的内容）</td></tr>
<tr><td colspan="2">前言</td><td>必备</td><td>资料性</td><td>附加信息</td><td>条文、注、脚注、指明附录</td></tr>
<tr><td colspan="2">范围</td><td>必备</td><td>规范性</td><td>条款
附加信息</td><td>条文、表、注、脚注</td></tr>
<tr><td colspan="2">规范性引用文件</td><td>必备</td><td>资料性</td><td>附加信息</td><td>条文、文件清单（规范性引用）、注、脚注</td></tr>
<tr><td colspan="2">术语和定义</td><td>必备</td><td>规范性</td><td>条款
附加信息</td><td>条文、图、数学公式、示例、注、引用、提示</td></tr>
<tr><td colspan="2">符号和缩略语</td><td>可选</td><td>规范性</td><td>条款
附加信息</td><td rowspan="5">条文、图、表、数学公式、示例、注、脚注、引用、提示、指明附录</td></tr>
<tr><td colspan="2">分类和编码/
系统构成</td><td>可选</td><td>规范性</td><td>条款
附加信息</td></tr>
<tr><td colspan="2">总体原则和/或
总体要求</td><td>可选</td><td>规范性</td><td>条款
附加信息</td></tr>
<tr><td>核心
技术
要素</td><td>……
要求
证实方法
……</td><td>黑体标识的核心技术要素是必备的</td><td>规范性</td><td>条款
附加信息</td></tr>
<tr><td colspan="2">其他技术要素</td><td>可选</td><td>规范性</td><td>条款
附加信息</td></tr>
<tr><td colspan="2">索引</td><td>可选</td><td>资料性</td><td>附加信息</td><td>清单、脚注</td></tr>
<tr><td colspan="2">编制说明</td><td>必备</td><td>资料性</td><td>附加信息</td><td>见表 4-3</td></tr>
<tr><td colspan="2">终结线</td><td>必备</td><td>资料性</td><td>附加信息</td><td>见表 4-3</td></tr>
<tr><td colspan="6">**注：**表中各个要素的前后顺序即其在标准中所呈现的具体位置。</td></tr>
</table>

表 4-5　　　　试验方法标准的结构及其要素的典型编排

<table>
<tr><th colspan="2" rowspan="2">要素内容和编排顺序</th><th colspan="2">要素的类别</th><th rowspan="2">要素的构成</th><th rowspan="2">要素所允许的表述形式</th></tr>
<tr><th>必备或
可选</th><th>规范性或
资料性</th></tr>
<tr><td colspan="2">封面</td><td>必备</td><td>资料性</td><td>附加信息</td><td>标明标准的信息</td></tr>
<tr><td colspan="2">目次</td><td>必备</td><td>资料性</td><td>附加信息</td><td>列表（自动生成的内容）</td></tr>
<tr><td colspan="2">前言</td><td>必备</td><td>资料性</td><td>附加信息</td><td>条文、注、脚注、指明附录</td></tr>
<tr><td colspan="2">范围</td><td>必备</td><td>规范性</td><td>条款
附加信息</td><td>条文、表、注、脚注</td></tr>
<tr><td colspan="2">规范性引用文件</td><td>必备</td><td>资料性</td><td>附加信息</td><td>条文、文件清单（规范性引用）、注、脚注</td></tr>
<tr><td colspan="2">术语和定义</td><td>必备</td><td>规范性</td><td>条款
附加信息</td><td>条文、图、数学公式、示例、注、引用、提示</td></tr>
<tr><td colspan="2">符号和缩略语</td><td>可选</td><td>规范性</td><td>条款
附加信息</td><td rowspan="5">条文、图、表、数学公式、示例、注、脚注、引用、提示、指明附录</td></tr>
<tr><td colspan="2">分类和编码/
系统构成</td><td>可选</td><td>规范性</td><td>条款
附加信息</td></tr>
<tr><td colspan="2">总体原则和/或
总体要求</td><td>可选</td><td>规范性</td><td>条款
附加信息</td></tr>
<tr><td>核心
技术
要素</td><td>原理
试验条件
试剂或材料
仪器设备
样品
试验步骤
试验数据处理
精密度和测量不确定度
质量保证和控制
试验报告
特殊情况
……</td><td>黑体标识的核心技术要素是必备的</td><td>规范性</td><td>条款
附加信息</td></tr>
<tr><td colspan="2">其他技术要素</td><td>可选</td><td>规范性</td><td>条款
附加信息</td></tr>
<tr><td colspan="2">索引</td><td>可选</td><td>资料性</td><td>附加信息</td><td>清单、脚注</td></tr>
<tr><td colspan="2">编制说明</td><td>必备</td><td>资料性</td><td>附加信息</td><td>见表 4-3</td></tr>
<tr><td colspan="2">终结线</td><td>必备</td><td>资料性</td><td>附加信息</td><td>见表 4-3</td></tr>
<tr><td colspan="6">注：表中各个要素的前后顺序即其在标准中所呈现的具体位置。</td></tr>
</table>

表 4-6　　　　规程标准的结构及其要素的典型编排

<table>
<tr><th colspan="2" rowspan="2">要素内容和编排顺序</th><th colspan="2">要素的类别</th><th rowspan="2">要素的构成</th><th rowspan="2">要素所允许的表述形式</th></tr>
<tr><th>必备或
可选</th><th>规范性或
资料性</th></tr>
<tr><td colspan="2">封面</td><td>必备</td><td>资料性</td><td>附加信息</td><td>标明标准的信息</td></tr>
<tr><td colspan="2">目次</td><td>必备</td><td>资料性</td><td>附加信息</td><td>列表（自动生成的内容）</td></tr>
<tr><td colspan="2">前言</td><td>必备</td><td>资料性</td><td>附加信息</td><td>条文、注、脚注、指明附录</td></tr>
<tr><td colspan="2">范围</td><td>必备</td><td>规范性</td><td>条款
附加信息</td><td>条文、表、注、脚注</td></tr>
<tr><td colspan="2">规范性引用文件</td><td>必备</td><td>资料性</td><td>附加信息</td><td>条文、文件清单（规范性引用）、注、脚注</td></tr>
<tr><td colspan="2">术语和定义</td><td>必备</td><td>规范性</td><td>条款
附加信息</td><td>条文、图、数学公式、示例、注、引用、提示</td></tr>
<tr><td colspan="2">符号和缩略语</td><td>可选</td><td>规范性</td><td>条款
附加信息</td><td rowspan="5">条文、图、表、数学公式、示例、注、脚注、引用、提示、指明附录</td></tr>
<tr><td colspan="2">分类和编码/
系统构成</td><td>可选</td><td>规范性</td><td>条款
附加信息</td></tr>
<tr><td colspan="2">总体原则和/或
总体要求</td><td>可选</td><td>规范性</td><td>条款
附加信息</td></tr>
<tr><td>核心
技术
要素</td><td>……
程序确立
程序指示
追溯/证实方法
……</td><td>黑体标识的核心技术要素是必备的</td><td>规范性</td><td>条款
附加信息</td></tr>
<tr><td colspan="2">其他技术要素</td><td>可选</td><td>规范性</td><td>条款
附加信息</td></tr>
<tr><td colspan="2">索引</td><td>可选</td><td>资料性</td><td>附加信息</td><td>清单、脚注</td></tr>
<tr><td colspan="2">编制说明</td><td>必备</td><td>资料性</td><td>附加信息</td><td>见表 4-3</td></tr>
<tr><td colspan="2">终结线</td><td>必备</td><td>资料性</td><td>附加信息</td><td>见表 4-3</td></tr>
<tr><td colspan="6">注：表中各个要素的前后顺序即其在标准中所呈现的具体位置。</td></tr>
</table>

表 4-7　　产品标准的结构及其要素的典型编排

<table>
<tr><th colspan="2" rowspan="2">要素内容和编排顺序</th><th colspan="2">要素的类别</th><th rowspan="2">要素的构成</th><th rowspan="2">要素所允许的表述形式</th></tr>
<tr><th>必备或
可选</th><th>规范性或
资料性</th></tr>
<tr><td colspan="2">封面</td><td>必备</td><td>资料性</td><td>附加信息</td><td>标明标准的信息</td></tr>
<tr><td colspan="2">目次</td><td>必备</td><td>资料性</td><td>附加信息</td><td>列表（自动生成的内容）</td></tr>
<tr><td colspan="2">前言</td><td>必备</td><td>资料性</td><td>附加信息</td><td>条文、注、脚注、指明附录</td></tr>
<tr><td colspan="2">范围</td><td>必备</td><td>规范性</td><td>条款
附加信息</td><td>条文、表、注、脚注</td></tr>
<tr><td colspan="2">规范性引用文件</td><td>必备</td><td>资料性</td><td>附加信息</td><td>条文、文件清单（规范性引用）、注、脚注</td></tr>
<tr><td colspan="2">术语和定义</td><td>必备</td><td>规范性</td><td>条款
附加信息</td><td>条文、图、数学公式、示例、注、引用、提示</td></tr>
<tr><td colspan="2">符号和缩略语</td><td>可选</td><td>规范性</td><td>条款
附加信息</td><td rowspan="5">条文、图、表、数学公式、示例、注、脚注、引用、提示、指明附录</td></tr>
<tr><td colspan="2">分类和编码/
系统构成</td><td>可选</td><td>规范性</td><td>条款
附加信息</td></tr>
<tr><td colspan="2">总体原则和/或
总体要求</td><td>可选</td><td>规范性</td><td>条款
附加信息</td></tr>
<tr><td>核心技术要素</td><td>……
技术要求
取样
试验方法
检验规则
标志、标签和随行文件
包装、运输和贮存</td><td>黑体标识的核心技术要素是必备的</td><td>规范性</td><td>条款
附加信息</td></tr>
<tr><td colspan="2">其他技术要素</td><td>可选</td><td>规范性</td><td>条款、附加信息</td></tr>
<tr><td colspan="2">索引</td><td>可选</td><td>资料性</td><td>附加信息</td><td>清单、脚注</td></tr>
<tr><td colspan="2">编制说明</td><td>必备</td><td>资料性</td><td>附加信息</td><td>见表 4-3</td></tr>
<tr><td colspan="2">终结线</td><td>必备</td><td>资料性</td><td>附加信息</td><td>见表 4-3</td></tr>
<tr><td colspan="6">注：表中各个要素的前后顺序即其在标准中所呈现的具体位置。</td></tr>
</table>

（11）在标准（包括各种类别的标准、标准的某个部分、指导性技术文件、指导性技术文件的某个部分）中需要称呼自身时应使用的表述形式为“本文件……”。如果分为部分的标准中的某个部分需要称呼其所在的、含所有部分的标准时，表述形式应为“Q/GDW XXXXX”。

（12）在标准中引用另一个分为部分的标准的所有部分时，应在标准顺序号之后标明“（所有部分）”见示例。在规范性引用文件清单中应列为“GB/T XXXXX（所有部分）”。

示例：

“……符合 GB/T XXXXX（所有部分）中的规定。”

五、标准中的要素

（1）按照功能，可以将标准内容划分为相对独立的功能单元——要素。从不同的维度，可以将要素分为不同的类别。

1）按照要素所起的作用，可分为规范性要素、资料性要素。

2）按照要素存在的状态，可分为必备要素、可选要素。

（2）要素的内容由条款和/或附加信息构成。规范性要素主要由条款构成，还可包括少量附加信息；资料性要素由附加信息构成。

（3）条款类型分为要求、指示、推荐、允许和陈述。条款可包含在规范性要素的条文、图表脚注、图与图题之间的段或表内的段中。条款类型的表述应使得标准使用者在声明其产品/系统、过程或服务符合标准时，能够清晰地识别出需要满足的要求或执行的指示，并能够将这些要求或指示与其他可选择的条款（例如推荐、允许或陈述）区分开来。条款类型的表述应遵守附录 A 的规定。

（4）附加信息的表述形式包括示例、注、条文脚注、图表脚注，以及“规范性引用文件”中的文件清单和信息资源清单、“目次”中的目次列表和“索引”中的索引列表等（见第十九章）。除了图表脚注，它们宜表述为对事实的陈述，不应包含要求或指示型条款，也不应包含推荐或允许型条款。

注： 如果在示例中包含要求、指示、推荐或允许型条款是为了提供与这些表述有关的例子，那么不视为不符合上述规定。

（5）构成要素的条款或附加信息通常的表述形式为条文。当需要使用标准自身其他位置的内容或其他文件中的内容时，可在标准中采取“引用”“提示”的表述形式。为了便于标准结构的安排和内容的理解，有些条文需要采取附录、图、表、数学公式等表述形式。表 4-3～表 4-7 中界定了标准中要素的类别及其构成，给出了要素允许的表述形式。

（6）规范性要素中范围、术语和定义、核心技术要素是必备要素，其他是可选要素，其中术语和定义内容的有无可根据具体情况进行选择。不同功能类型标准具有不同的核心技术要素，见表 4-4～表 4-7。规范性要素中的可选要素可根据所起草标准的具体情况选取，或者进行合并或拆分，要素的标题也可调整,还可设置其他技术要素。

（7）资料性要素中的封面、前言、规范性引用文件是必备要素，其他是可选要素，其中规范性引用文件内容的有无可根据具体情况进行选择。

（8）规范性要素和资料性要素在标准中的位置、先后顺序以及标题均应与表 4-3 所呈现的相一致。

第五章

封　面

一、编写要求

（1）封面是必备要素、资料性要素。用来标明标准的信息。在封面中应标明以下必备信息：标准名称、标准的层次或类别、标准代号、标准顺序号、年份号、国际标准分类（ICS）号、中国标准文献分类（CCS）号、发布日期、实施日期、发布机构等，封面宜采用模板自动生成。

（2）封面不应设置页眉、页码。为便于说明，将封面划分为多个功能区（上部六行、中部四行、下部两行），见图 5-1。

（3）封面上部第一行：ICS 号。在公司技术标准封面上标明 ICS 号，使用国际统一的分类方法，便于公司技术标准与国际标准的交流与对比。“ICS”与对应的国际标准分类号“XX.XXX”之间应有半个汉字的间隙（1 个英文字符）。

（4）封面上部第二行：CCS 号（中国标准文献分类号）。在公司技术标准封面上标明 CCS 号，使用国内统一的标准文献分类方法，便于公司技术标准与国内标准的交流与对比，并了解 ICS 与 CCS 的对应关系。

（5）封面上部第三行：标准代号。公司技术标准代号应为“Q/GDW”，且为专用字体字号（采用模板可自动生成）。封面上此处“企业标准”和“指导性技术文件”都是“Q/GDW”。

（6）封面上部第四行：标准类别。标准类别为“企业标准”，此行信息应为“国家电网有限公司企业标准”；标准类别为“指导性技术文件”，此行信息应为“国家电网有限公司指导性技术文件”。此行文字两端对齐。

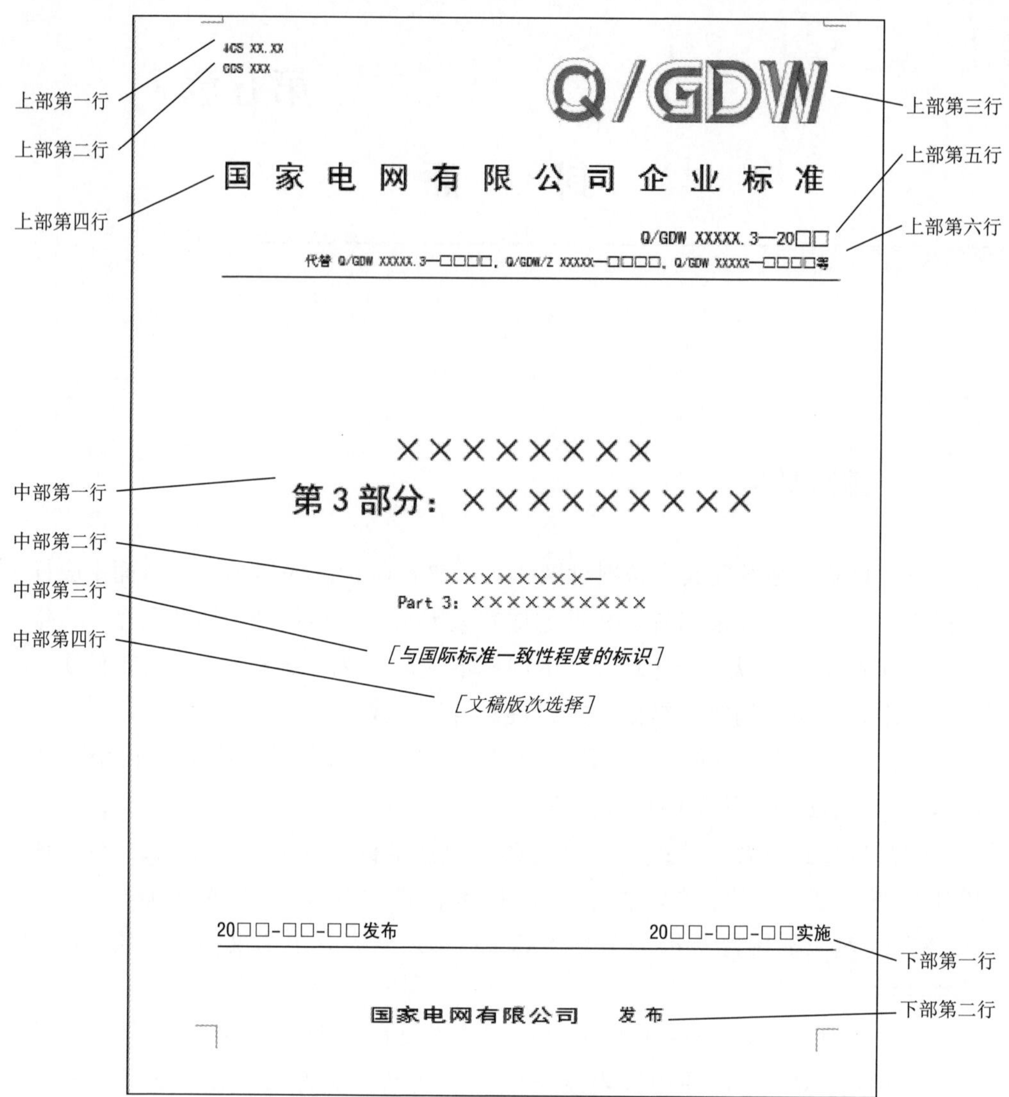

图 5-1 封面分区示意图

（7）封面上部第五行：标准编号，此行右对齐。

国家规定的企业标准编号方式为：

企标类别代号/企业代号（1 个英文字符间隙）标准顺序号（一字线）年份号

其中：

——国家规定的企标类别代号为“Q”。

——公司技术标准编号中的企业标准代号为 GDW；指导性技术文件代号为“GDW/Z”。

——公司技术标准中单独标准的顺序号为五位阿拉伯数字，即“XXXXX”；分为部分的标准的某部分顺序号为单独标准顺序号（下脚点）阿拉伯数字部分号，即“XXXXX.X”。

——公司技术标准年份号为四位，即□□□□。

由上，公司技术标准的各种类型编号见示例 5-1，其中注日期即注年份号。

【示例 5-1】

企业标准编号*【单独标准，注日期】*:	Q/GDW XXXXX—□□□□
企业标准编号*【单独标准，不注日期】*:	Q/GDW XXXXX
企业标准编号*【分为部分的标准的某部分，注日期】*:	Q/GDW XXXXX.X—□□□□
企业标准编号*【分为部分的标准的某部分，不注日期】*:	Q/GDW XXXXX.X
指导性技术文件编号*【单独文件，注日期】*:	Q/GDW/Z XXXXX—□□□□
指导性技术文件编号*【单独文件，不注日期】*:	Q/GDW/Z XXXXX
指导性技术文件编号*【分为部分的文件的某部分，注日期】*:	Q/GDW/Z XXXXX.X—□□□□
指导性技术文件编号*【分为部分的文件的某部分，不注日期】*:	Q/GDW/Z XXXXX.X

（8）封面上部第六行：被代替标准的编号。制修订类型为“制定”，此行应为空行。制修订类型为“修订”，此行先编排“代替”二字（注意，不应写作“替代”），再编排被代替的标准编号，见示例 5-2。多个被代替标准编号之间的连接号为“，”，如果被代替的标准较多时，也可仅列出主要被代替的标准，并在标准编号后加上“等”字省略，见示例 5-3。被代替标准编号不应超过一行，具体被代替的各项标准在前言中列出。如果被代替的标准中有公司指导性技术文件，也应列出，不应省略，见示例 5-3。被代替标准的编号行右对齐。

【示例 5-2】

Q/GDW XXXXX—□□□□ 代替 Q/GDW XXXXX.X—□□□□

【示例 5-3】

Q/GDW XXXXX—□□□□ 代替 Q/GDW XXXXX—□□□□，Q/GDW/Z XXXXX—□□□□等

（9）封面中部第一行：标准中文名称。封面中和正文首页最上方的标准中文名称应一致，均可分为上下多行居中编排。

（10）封面中部第二行：标准英文译名。单独标准的英文译名中第一个单词的首字母应大写，其余字母均应小写（必须大写的专有名词除外）。分为部分的标准的英文译名中第一个字母、标识部分的“Part”的首字母、“第×部分：”后的部分名称首字母应大写，其余字母均应小写（必须大写的专有名词除外）。

标准英文译名也可分为上下多行居中编排。各元素间的连接号为一字线“—”，不应为短横线“-”或者其他任何符号，也不应省略。

（11）封面中部第三行：与国际标准的一致性程度标识。GB/T 1.2—2020 中界定的我国标准化文件与 ISO/IEC 及其他标准化文件的一致性程度及代号见表 5-1。

以 ISO/IEC 及其他标准化文件为基础起草的我国标准化文件应符合 GB/T 1.2—2020 的规定。

表 5-1　一致性程度及代号

一致性程度	代号
等同采用	IDT
修改采用	MOD
非等效	NEQ

（12）封面中部第四行：标准版本信息。采用模板编写，可在下拉菜单中选择符合标准制修订程序要求的阶段文件版次：

1）新项目建议稿（PWI）

2）新项目大纲（NP）

3）工作组讨论稿（WD）。

4）征求意见稿（CD）。

5）送审稿（DS）。

6）报批稿（FDS）。

在标准工作组讨论稿、征求意见稿和送审稿的封面显著位置，应按照规定给出征集标准是否涉及专利的信息：“在提交反馈意见时，请将您知道的相关专利及其他知识产权信息连同支持性文件一并附上。”

（13）封面下部第一行：标准发布时间（左）和实施时间（右）。一般情况下，公司技术标准的发布时间和实施时间相同，由公司技术标准发布机构给出。

（14）封面下部第二行：“国家电网有限公司　发布”。

（15）标准中的“目次”首页、“前言”首页、正文首页均应居于右页（奇数页），上述要素之间可能需要设置空白页。空白页全空白，页眉页脚也空白，页码虽不显示，仍需+1。

二、正确示例

【示例5-4】

此示例是分为部分的标准的某部分修订为分为部分的标准的某部分的封面。

ICS XX.XX
CCS XXX

国 家 电 网 有 限 公 司 企 业 标 准

Q/GDW XXXXX.3—20□□
代替 Q/GDW XXXXX.3—□□□□，Q/GDW/Z XXXXX—□□□□，Q/GDW XXXXX—□□□□等

××××××技术规范
第3部分：××××××××××

Technical specifications for×××××—
Part 3：××××××××××

20□□-□□-□□发布　　　　20□□-□□-□□实施

国家电网有限公司　　发 布

【示例 5-5】

此示例是分为部分的指导性技术文件的某部分的封面。

ICS 29.240.01
CCS F21

国家电网有限公司指导性技术文件

Q/GDW/Z XXXXX.2—20□□

××××××××技术导则
第2部分：××××技术要求

Technical guidelines for×××××
—Part2: Technical requirements of ××××

20□□-□□-□□发布 20□□-□□-□□实施

国家电网有限公司 发布

三、错误示例及分析

【示例 5-6】

Design ❶Guidelines for ❶Power ❶Dispatch ❶Control ❶Halls—
Part 1: ❷terms

错误提示❶：分为部分的标准英文译名的主体元素，第一个单词的首字母应大写，其余字母小写。

错误提示❷：分为部分的标准英文译名的补充元素，第一个单词的首字母应大写。

应改为：

Design guidelines for power dispatch control halls—
Part 1: Terms

【示例 5-7】

（ISO/IEC Directives-❶p❷art 2：2004，r❷ules for the structure and drafting of International standards；❸NEQ）

错误提示❶：各元素间连接号不应为短横线“-”，应采用一字线“—”。

错误提示❷：各元素第一个字母应大写。

错误提示❸：不应采用“;”，应采用正确的标点符号“,”。

应改为：

（ISO/IEC Directives—Part 2：2004，Rules for the structure and drafting of International standards，NEQ）

第六章

目　次

一、编写要求

（1）目次用来呈现标准的结构。为了方便查阅标准内容，目次是资料性要素，公司技术标准中目次是必备要素，根据需要设置层次。

目次中应列出前言、范围、规范性引用文件、术语和定义、章、编制说明等必备要素；如果标准中包含符号和/或缩略语（章）、附录（章）、索引等可选要素，也应在目次中列出。

图、表需要时可列出。如果图包含分图，则只列出总图。

正文中与附录中的条、图、表可根据需要分别选择是否列在目次中。目次中不应包含编制说明中的条、图、表，不应包含以上未提到的要素，如目次本身、标准名称等。

（2）目次中应列出章，可列出正文第一层次条，必要时，还可列出正文第二层次条。如果不是确有必要，目次中不建议列出附录的第二层次条。提取到目次中的条，均应为有标题条，不应为无标题条。不建议在目次中列出第三层次甚至更低层次的条，列在目次中的章和第一层次条应能够涵盖该标准的标准化对象的各主要方面，架构清晰有序，否则应重新考虑标准的整体章/条结构。

（3）目次中不应列出“术语和定义”中的条目编号和术语，但可以有术语分类的条号。

（4）附录的目次应给出附录编号，后跟“（规范性）”或“（资料性）”，空一个汉字的间隙后给出附录标题。

（5）公司技术标准中的编制说明，仅在目次的最后一行列出“编制说明”字样及编制说明首页的页码。编制说明这一章应分为 6 条：编制背景、编制原则、与其他标准文件的关系、主要工作过程、结构和内容、条文说明，这 6 条的目次均不应出现在标准的目次中，仅应在编制说明这一章第二页的目次中出现（见第二十一章）。

（6）目次中若包含图，则首图行前应有一空行，见示例 6-1；若包含表，则首表行前应有一空行，见示例 6-2。目次中若同时有图和表，则应先列出图，再列表，见示例 6-1。若同时有索引、图和表，列出次序应为索引、图和表，见示例 6-1。目次中包含图和/或表时，编制说明行前应有一空行，见示例 6-1 和示例 6-2。若无图或者表，则编制说明行前无空行，见示例 6-3。

（7）从目次到前言的页码为罗马数字，从 I 开始连续编排。从正文首页到终结线所在页的页码为阿拉伯数字，从 1 开始连续编排。页码不应加括号、下划线等。目次中的页码应与正文中保持一致，电子文本应采用自动生成目次的方式，并适时更新。

（8）目次页最上方“目次”两字居中，两字之间有两个汉字的间隙；章、条、图、表的目次应给出编号，空一个汉字的间隙后给出完整的标题，章编号与章标题、条编号与条标题、图编号与图题、表编号与表题、附录的作用与附录标题之间均应有一个汉字的间隙；除此之外，目次中任意两字之间都不应再有间隙。

（9）目次中所列的前言、章、附录、索引、图、表、编制说明等均应顶格起排，第一层次条应空 1 个汉字（2 个英文字符）起排，第二层次的条应空 2 个汉字（4 个英文字符）起排，依此类推。

（10）前言、各类标题、索引、编制说明等与页码之间均由“……”连接。页码不加括号。

二、正确示例

【示例 6-1】

目 次

【示例 6-2】

目 次

【示例 6-3】

目 次

三、错误示例及分析

【示例 6-4】

目 次

错误提示❶：标准中固定的章标题不应有改动。

错误提示❷：术语顺序号不应提取到目次中；如果不是确有必要，目次中不建议列出附录第二层次条。

错误提示❸：条编号和标题行不应左侧顶格起排，第二层次的条空两个汉字起排，依次类推。

错误提示❹：“附录 A”每两字之间不应有间隙，附录的作用与附录标题之间应有一个汉字的间隙。

错误提示❺：附录的作用只有两类，应为规范性和资料性。

错误提示❻：目次中包含图的目次时，首图目次行前应空一行。

错误提示❼：目次中包含图的目次时，不应包含附录中图的目次。

错误提示❽：目次中包含表的目次时，首表目次行前应空一行。

错误提示❾：公司技术标准的编制说明封面目次是必备的，不应省略，且目次中若有图和/或表的目次时，编制说明目次行前应空一行。

错误提示❿：页码不应有括号、下划线等。

【示例 6-5】

目录❶

目录❷ ……………………………………………………………………I❷
前言 ……………………………………………………………………I
××××*［标准中文名称］*❷……………………………………………1❷
1　范围……………………………………………………………………1
2❹　××××………………………………………………………………1
2.1❸　××××……………………………………………………………1
2.1.1❸　××××*［无标题条］*❷ ……………………………………1
2.1.2❸　××××*［无标题条］*❷ ……………………………………2
2.2　××*［条标题］*××……………………………………………………4
附录 A（规范性附录❺）❺××××*［附录标题］* …………………………7
❻

编❼ 制 说 明 ………………………………………………………………1
目　次❷ ……………………………………………………………………1❽
1　编制背景❾……………………………………………………………2❽
2　编制原则❾……………………………………………………………2❽
3　与其他标准文件的关系❾……………………………………………2❽
4　主要工作过程❾………………………………………………………3❽
5　结构和内容❾…………………………………………………………4❽
6　条文说明❾……………………………………………………………5❽
终结线❾ ……………………………………………………………………5

错误提示❶：不应为“目录”，应为“目次”，且应居中，“目次”两字间间隙应为 2 个汉字。

错误提示❷：目次中不应包含目次本身、标准名称、无标题条、编制说明目次等行。

错误提示❸：条目次行未按要求依次左缩进起排。

错误提示❹：缺少“规范性引用文件”和“术语和定义”章。

错误提示❺：括号中应改为“规范性”，附录的作用与附录标题之间均应有一个汉字的间隙。

错误提示❻：如无图或表的目次，编制说明行前不应有空行。

错误提示❼：目次中的“编制说明”各字之间不应有间隙。

错误提示❽：编制说明页码应延续正文连续编排。

错误提示❾：编制说明中的条目次不应在标准目次中列出，终结线不应列在目次中。

应改为：

目　　次

【示例 6-6】

目　　次

［对应正文如下］

……

3　术语和定义

GB/T 20000.1 界定的以及下列术语和定义适用于本文件。

3.1　文件

3.1.1

标准化文件　standardizing document

通过标准化活动制定的文件。

［来源：GB/T 20000.1—2014，5.2］

3.1.2

标准　standard

通过标准化活动，按照规定的程序经协商一致制定，为各种活动或其结果提供规则、指南或特性，供共同使用和重复使用的文件。

［来源：GB/T 20000.1—2014，5.3］

注：通常包括术语标准、符号标准、分类标准、试验标准等。

3.2　文件的结构

3.2.1

结构　structure

文件中层次、要素以及附录、图和表的位置和排列顺序。

3.2.2

正文　main body

从文件的范围到附录之前位于版心中的内容。

4　文件的类别

……

错误提示❶：术语分类是条，可以列入目次；但第一层次的条应缩进一个汉字起排。

错误提示❷：第二层次的条应缩进两个汉字起排；但术语条目不是条，不应列入目次。

应改为：

目　　次

第七章

前　　言

一、编写要求

（1）前言是必备要素、资料性要素。用来给出诸如标准起草依据的文件、与其他文件的关系、起草者的基本信息等标准自身内容之外的信息。

（2）公司技术标准前言第一段给出标准起草依据的基础标准和公司文件，表述方式见示例 7-1。

【示例 7-1】

本文件依据 GB/T 1.1—2020《标准化工作导则　第 1 部分：标准化文件的结构和起草规则》的要求，按照《国家电网有限公司技术标准管理办法》的规定起草。

（3）前言视情况给出本标准与其他标准的关系。

1）情况 1：分为部分的标准。分为部分的标准的每个部分，均应说明其所属部分并列出所有已经发布的部分（包括本部分）的名称，表述方式见示例 7-2。分为部分的指导性技术文件表述方式见示例 7-3。

【示例 7-2】

<table><tr><td>本文件是 Q/GDW XXXXX《××××［标准名称］×××》的第 X 部分。Q/GDW XXXXX 已经发布了以下部分：
——第 1 部分：×××××；
——第 2 部分：×××××；
……
——第 X 部分：×××××。</td></tr></table>

【示例 7-3】

> 本文件是 Q/GDW/Z XXXXX 《×××× *[标准名称]*》的第 X 部分。Q/GDW/Z XXXXX 已经发布了以下部分：
>
> ——第 1 部分：×××××；
>
> ——第 2 部分：×××××；
>
> ……
>
> ——第 X 部分：×××××。

2）情况 2：修订标准。对于修订的标准，应给出被代替的所有标准的编号和名称，列出与其前一版本相比的主要技术变化。前言中应仅列出主要技术变化，不必将全部技术变化一一罗列，其他差异及说明可在编制说明的“结构和内容”中列出。如需对技术变化进一步给出解释、依据等，应在编制说明的“条文说明”中明确。

如果只代替一项标准（以代替一项公司指导性技术文件为例），表述方式见示例 7-4。对于增加的内容，应给出本标准中增加的章/条/列项/图/表/数学公式/附录等编号；对于删除的内容，应给出对应前一版标准中被删除的章/条/列项/图/表/数学公式/附录等编号；对于更改的内容，应先给出本标准中更新的章/条/列项/图/表/数学公式/附录等编号，再给出前一版标准中被更新的章/条/列项/图/表/数学公式/附录等编号，以便使用者能够快速定位并对比修改的具体内容。

【示例 7-4】

> 本文件代替 Q/GDW/Z XXXXX—□□□□《×××× *[标准名称]*》，与 Q/GDW/Z XXXXX—□□□□相比，除结构调整和编辑性改动外，主要技术变化如下：
>
> a) 增加了××××××××××××××××××××（见 X.X）；
>
> b) 更改了××××××××××××（见 X.X，□□□□年版的 X.X）；
>
> c) 删除了×××××××××××××（见□□□□年版的 X.X）。

如果一项标准代替多项标准，则应按被代替标准的主次排序，一对一的与被修订文件相比，逐个给出主要技术变化。示例 7-5 中一项代替 2 项，一项公司企业标准和一项指导性技术文件。

【示例 7-5】

> 本文件代替 Q/GDW XXXXX—□□□□ *[标准 1 编号]*《×× *[标准 1 名称]* ××》，与 Q/GDW XXXXX—□□□□ *[标准 1 编号]* 相比，除结构调整和编辑性改动外，主要技术变化如下：
>
> a) 增加了×××××××××××（见 X.X）；

b) 更改了××××××××××××（见 X.X，□□□□年版的 X.X）；
c) 删除了×××××××××××××（见□□□□年版的 X.X）。
本文件代替 Q/GDW/Z XXXXX—□□□□ *[标准 2 编号]*《××× *[标准 2 名称]* ×××》，与 Q/GDW/Z XXXXX—□□□□ *[标准 2 编号]* 相比，除结构调整和编辑性改动外，主要技术变化如下：
a) 增加了××××××××××××××××（见 X.X）；
b) 更改了××××××××××××（见 X.X，□□□□年版的 X.X）；
c) 删除了×××××××××××××（见□□□□年版的 X.X）。

（4）不论哪种类型的标准在前言中均应按规定顺序列出以下 6 句话，不应多，不应少，不应调换顺序。对于制定标准表述方式见示例 7-6，对于修订标准表述方式见示例 7-7。

【示例 7-6】

本文件由国家电网有限公司 *[公司总部报批部门的规范全称]* 提出并解释。
本文件由国家电网有限公司科技创新部归口。
本文件起草单位：××××、××××、××××。*[包括第一承担单位和参加起草单位，按照对标准的贡献从大到小排列]*
本文件主要起草人：×××、×××、×××。*[按对标准的贡献从大到小排列]*
本文件首次发布。
本文件在执行过程中的意见或建议反馈至国家电网有限公司科技创新部。

【示例 7-7】

本文件由国家电网有限公司 *[公司总部报批部门的规范全称]* 提出并解释。
本文件由国家电网有限公司科技创新部归口。
本文件起草单位：××××、××××、××××。*[包括第一承担单位和参加起草单位，按照对标准的贡献从大到小排列]*
本文件主要起草人：×××、×××、×××。*[按对标准的贡献从大到小排列]*
本文件为首次发布。
本文件及其所代替文件的历次版本发布情况为：
——□□□□年□□月首次发布；
——□□□□年□□月第一次修订；
——本次为第二次修订。
本文件在执行过程中的意见或建议反馈至国家电网有限公司科技创新部。

以下按顺序依次给出上述 6 句话中每句话的具体撰写要求。

1）提出并解释。说明本标准的提出并解释部门，应为公司总部部门的规范全称，不应为公司总部部门的处室，表述方式见示例7-8。

【示例7-8】

本文件由国家电网有限公司××*［公司总部报批部门的规范全称］*提出并解释。

2）归口。说明本标准的归口管理单位信息，此单位应为国家电网有限公司科技创新部，表述方式见示例7-9。

【示例7-9】

本文件由国家电网有限公司科技创新部归口。

3）起草单位。此处列出本标准的所有起草单位的规范全称（注意：不是“主要起草单位”），按照对标准的贡献从大到小依次排列。国家电网有限公司技术标准的起草单位原则上应为分部，省（区、市）公司、公司直属单位，必要时可为省（区、市）公司和直属单位的二级机构等独立法人单位，不应包含“提出并解释”的公司总部部门。

标准的提出、归口、起草、信息反馈单位（部门），均应给出规范的全称。

表述方式见示例7-10。

【示例7-10】

本文件起草单位：国网山东省电力公司、中国电力科学研究院有限公司。

起草单位中如有国家电网有限公司系统外的单位，该单位应与下达标准制修订计划的单位信息相符，如涉及的系统外单位有调整，应以正式批复后的信息为准。标准第一承担单位与知识产权文件的签署单位应一致。

4）主要起草人。此处列出本标准的主要起草人员，按照对标准的贡献从大到小排列。起草人员不得担任标准起草过程中的审查专家（包括标准初稿、征求意见稿、送审稿等过程审查会的所有专家）。表述方式见示例7-11。

【示例 7-11】

本文件主要起草人：张××、李×、王××。

5）版本信息。对于标准制修订类型为“制定”的，应说明为首次发布。表述方式见示例 7-12。

【示例 7-12】

本文件首次发布。

对于标准制修订类型为“修订”的，表述方式见示例 7-13。应说明首个版本发布年月，之后经过几次修订，应逐一说明修订年月。首次发布和中间修订年月以标准封面上的发布年月为准；本次修订不提及年月。

【示例 7-13】

本文件及其所代替文件的历次版本发布情况为： ——□□□□年□□月首次发布； ——□□□□年□□月第一次修订； ——本次为第二次修订。

以标准是第二次修订的情况给出示例 7-14。首次发布时封面上的发布年月为 2008 年 5 月，第一次修订发布后封面上的年月为 2011 年 8 月，本次为第二次修订。

【示例 7-14】

本文件及其所代替文件的历次版本发布情况为： ——2008 年 5 月首次发布； ——2011 年 8 月第一次修订； ——本次为第二次修订。

6）反馈信息。在本标准实施过程中，标准相关制修订和使用单位及个人应及时向公司科技部反馈相关信息，表述方式见示例 7-15。

【示例 7-15】

本文件在执行过程中的意见或建议反馈至国家电网有限公司科技创新部。

（5）前言不应包含除上述内容以外的内容。不应包含要求、指示、推荐型或允许型条款，也不应使用图、表、数学公式等表述形式。前言不应给出章编号且

不分条。不应包含范围的内容（内容提要和适用范围），不应包含编制说明的内容（标准的任务来源、编制背景、编制目的、编制原则、主要工作过程、标准结构和内容、条文说明等）。

（6）前言中各段之间不应有空行。

二、正确示例

【示例 7-16】

分为部分的标准某一部分的修订版前言。

前　　言

本文件依据 GB/T 1.1—2020《标准化工作导则　第 1 部分：标准化文件的结构和起草规则》的要求，按照《国家电网有限公司技术标准管理办法》的规定起草。

本文件为 Q/GDW 241《链式静止同步补偿器》的第 1 部分。Q/GDW 241 已经发布了以下部分：

——第 1 部分：功能规范；

——第 2 部分：换流链试验；

——第 3 部分：控制保护监测系统；

——第 4 部分：现场试验；

——第 5 部分：运行维护规范。

本文件代替 Q/GDW 241.1—2009《链式静止同步补偿器　第 1 部分：功能规范》，与 Q/GDW 241.1—2009 相比，除结构调整和编辑性改动外，主要技术变化如下：

a) 更改了术语和定义，使之与 DL/T 1193—2012《柔性输电术语》协调一致（见 X.X，2009 年版的 X.X）；

b) 增加了链式 STATCOM 命名规范（见 X.X）；

c) 更改了移动式 STATCOM 的应用要求（见 X.X，2009 年版的 X.X）；

d) 删除了链式 STATCOM 损耗计算方法的说明（见 2009 年版的 X.X）。

本文件由国家电网有限公司基建部提出并解释。

本文件由国家电网有限公司科技创新部归口。

本文件起草单位：全球能源互联网研究院有限公司、国网上海市电力公司。

本文件主要起草人：××、××、×××、×××、××。

本文件及其所代替文件的历次版本发布情况为：

2009 年 2 月首次发布；
本次为第一次修订。
本文件在执行过程中的意见或建议反馈至国家电网有限公司科技创新部。

三、错误示例及分析

【示例 7-17】

分为部分的标准某一部分的前言。

前 言

本标准❶依据《国家电网有限公司关于下达 2014 年度技术标准制修订计划的通知》(国家电网科〔2014〕64 号)的要求编写。❷

本标准❶目的是促进链式静止同步补偿技术进步，提高装置的设计、制造、试验、运行、检修水平，满足在国家电网有限公司推广应用要求，并落实国家基本建设方针和技术经济政策，做到安全可靠、先进适用、经济合理、资源节约、环境友好。❷

本标准❶为 DL/T 1215《链式静止同步补偿器》的第 2 部分。DL/T 1215 已经发布了以下部分：

——第 1 部分：功能规范。❸
——第 2 部分：换流链试验。❸
——第 3 部分：控制保护监测系统。❸
——第 4 部分：现场试验。❸
——第 5 部分：运行维护规范。

❹

本标准❶由国网❺基建部提出并负责❻解释❼
本标准❶由国家电网有限公司科技创新部归口❼
本标准❶主要❻起草单位：联研院❺，❽国网上海市电力公司❼
本标准❶起草人❻：××，❽××，❽×××、×××、××❼
本标准❶2009 年 2 月首次发布❾。
❼

错误提示❶：“本标准”应改为“本文件”。

错误提示❷：任务来源和编制目的应写入编制说明。

错误提示❸：给出每一部分标准信息时，最后一行以“。”结尾，其他行以“；”结尾。

错误提示❹：前言中不应有空行。空行位置应写明修订标准相关信息，包括代替的标准编号及主要技术性差异。

错误提示❺：前言中单位信息应使用规范的全称。

错误提示❻：固定内容不应修改，“提出并负责解释”应改为“提出并解释”，“主要起草单位”应改为“起草单位”，“起草人”应改为“主要起草人”。

错误提示❼：这里应为固定 6 句话，行末均应以“。”结尾。最后应增加“本文件在执行过程中的意见或建议反馈至国家电网有限公司科技创新部。”

错误提示❽：起草单位之间和主要起草人之间应以“、”隔开。

错误提示❾：首次发布不应提及年月信息。

第八章

范　　围

一、编写要求

（1）标准正文首页上方应有标准中文名称，此名称应与标准封面上的名称、编制说明封面上的名称完全一致，可分为上下多行居中编排。

（2）范围是标准正文的第一章，是必备章、资料性要素。用来界定标准的标准化对象和所覆盖的各个方面，并指明标准的适用界限。必要时，范围宜指出那些通常被认为标准可能覆盖，但实际上并不涉及的内容，即指明标准不适用的方面。

分为部分的标准的各个部分，其范围只应界定本部分的标准化对象和所覆盖的各个方面，指明本部分的适用界限。

（3）“范围”第一段应适当组织标准各主题章的标题，作为标准全文的内容提要，应选择使用示例 8-1 中适当的表述形式。

【示例 8-1】

a)“本文件规定了××××××××的要求/特性/尺寸/指示”;
b)“本文件确立了××××××××的程序/体系/系统/总体原则”;
c)“本文件描述了××××××××的方法/路径”;
d)“本文件提供了××××××××的指导/指南/建议”;
e)“本文件给出了××××××××的信息/说明”;
f)“本文件界定了××××××××的术语/符号/界限”。

上述表述方式中的“××××××××”宜采用“主题章标题 1”“主题章标题 2”……“主题章标题 X”，并尽可能采用示例 8-1 中 6 种固定句式搭配。这里需要列出所有主题章的标题，避免用“……等要求”“……以及其他要求”

等省略说法。

主题章不包括目次、前言、范围、规范性引用文件、术语和定义、符号和缩略语、附录、索引、编制说明。

（4）“范围”第二段指明标准的适用领域或使用者界限，可选用示例 8-2 中的表述形式。

【示例 8-2】

a)“本文件适用于××××××××。”
b)“本文件适用于××××××××，××××××××参照使用。本文件不适用于××××××××。”

（5）“本文件适用于……”给出标准的适用范围，应与标准名称及内容限定的范围一致，并便于使用者了解，公司技术标准可以但不限于从以下几方面综合考虑，进行有意义、无歧义的准确表述：

1）适用于公司业务全流程，或其中的某一个或几个环节，如规划、勘测、设计、建设、运行、检修、营销等。

2）适用于电网整体，或某一个或几个部分，如输电、配电、变电、供电等。

3）适用于电网的各电压等级，或某一个或几个电压等级。

4）适用于某种电网系统/设备，或系统/设备的某一个或几个部分。

5）适用于某个产品的全生命周期，或生命周期的某一个或几个阶段，如设计、研发、制造、安装、检测、验收、运行、维护等。

6）适用于公司的某一项或几项业务。

7）适合公司某一个或几个岗位（人员）实施。

（6）除了（3）～（5）提及的两段内容，范围中不应再有其他内容。 不应陈述标准的编制背景信息，如编制该标准的目的、分为部分的原因以及各部分之间关系等事项的说明，技术内容的信息或说明等，这些信息应写入编制说明。

（7）范围应使用陈述型条款，不应包含要求、指示、推荐和允许型条款，如“×××应×××”“×××不应×××”等形式。

（8）范围不应设置条，如“1.1 规定内容”“1.2 适用范围”等。

（9）范围的界定应清楚、准确、无歧义，不准许采用“等”导致范围不确定。

示例：

正　确：本文件确立了网络安全管理平台（简称平台）的总体技术原则，规定了平台的基础和应用功能要求。

正　确：本文件适用于平台的设计、制造、建设和验收。

不正确：本文件规定了网络安全管理平台（简称平台）的总体、基础功能和应用功能等要求。

不正确：本文件适用于平台的设计、制造、建设、验收等。

二、正确示例

【示例 8-3】

示例中同时给出该标准的目次，以便对照各主题章的标题。

1　范围

本文件规定了高压开关柜通用设备的使用条件、技术参数及性能要求、标准接口、试验的要求。

本文件适用于国家电网有限公司 35kV～750kV 新建变电站中的额定电压为 12kV～40.5kV 的高压开关柜。

对应目次如下：

目　　次

【示例 8-4】

产品标准的范围示例。

1 范围

本文件规定了……的要求。

本文件适用于表 1 所列的系统硬件产品和表 2 所列的系统软件产品的设计、研发、鉴定、生产、测试和检验。

表 1 产品列表（硬件类）

序号	产品名称	产品型号	备注
1	单相智能电能表	XXXX	
2	三相智能电能表	XXXX	

表 2 产品列表（软件类）

序号	产品名称	产品型号	版本号
1	电网自动化调度系统	XXXXXXX	V1.0
2	电网自动化调度系统	XXXXXXX	V2.0

三、错误示例及分析

【示例 8-5】

1 范围

本部分❶规定了高压开关柜通用设备的总则、技术参数与性能要求、标准接口、试验以及其他要求❷。高压开关柜的柜型结构应满❸足国家电网有限公司变电站通用设计需求。

本标准❶主要❹适用于国家电网有限公司 35kV～750kV 新建变电站中的额定电压为 12kV～40.5kV 的高压开关柜。

错误提示❶：标准中的自提及统一为“本文件”。

错误提示❷：范围不应存在不确定内容，不应表述为“以及其他要求”。

错误提示❸：范围中不应包含要求。

错误提示❹：固定内容不应修改，“本标准主要适用于”应改为“本文件适用于”。

【示例 8-6】

1 范围

1.1 规定内容❶

本文件规定了高压开关柜通用设备的范围❷、规范性引用文件❷、术语和定义❷、总则、使用条件、技术参数与性能要求、标准接口要求。

1.2 适用范围❶

本文件适用于国家电网有限公司 35❸～750kV 新建变电站中的额定电压为 12kV～40.5kV 的高压开关柜。

错误提示❶：不应在“范围”章中设条。

错误提示❷：范围中第一段为核心技术内容提要，不应包含非主题章内容（范围、规范性引用文件、术语和定义）。

错误提示❸：标准中所有物理量均应有单位，“35～750kV”应改为“35kV～750kV”。

【示例 8-7】

1 范围

为了进一步提高国家电网有限公司对智能变电站一次主设备的要求，统一新建变电站一次设备的技术要求和订货规范❶，本文件规定了高压开关柜通用设备的使用条件、总则、技术参数与性能要求、标准接口、试验要求。指导变电站设备选型，提升基建工作设计、管理等环节的标准化和管理水平❷。

本文件适用于国家电网有限公司 35kV～750kV 新建变电站中的额定电压为 12kV～40.5kV 的高压开关柜。

错误提示❶：标准编制背景信息，应写入编制说明。

错误提示❷：范围陈述应简洁，关于标准意义的描述不应写入范围，可写入编制说明。

第九章

规范性引用文件

一、编写要求

（1）标准条文中引用文件按性质分为规范性引用文件和资料性引用文件。规范性引用的文件内容构成了引用它的标准中必不可少的条款。资料性引用的文件内容构成了有助于引用它的标准理解或使用的附加信息。资料性引用的文件，不应列入规范性引用文件清单中，公司技术标准应在编制说明中列出。

（2）规范性引用文件是必备章、资料性要素。用来列出标准中规范性引用的文件，由引导语和文件清单构成。该章应设置为标准的第 2 章，且不应分条。

（3）规范性引用文件清单应由以下引导语引出：

“下列文件中的内容通过文中的规范性引用而构成本文件必不可少的条款。其中，注日期的引用文件，仅该日期对应的版本适用于本文件；不注日期的引用文件，其最新版本（包括所有的修改单）适用于本文件。”

注：对于不注日期的引用文件，如果最新版本未包含所引用的内容，那么包含了所引用内容的最后版本适用。

（4）如果不存在规范性引用文件，应在章标题下直接给出以下说明：

“本文件没有规范性引用文件。”见示例 9-1。

【示例 9-1】

2　规范性引用文件 本文件没有规范性引用文件。

（5）文件清单中应列出该标准规范性引用的每个文件，列出的文件之前不给

出序号。根据标准中引用文件的具体情况，文件清单中应选择列出下列相应的内容：

1）注日期的引用文件，给出“文件代号、顺序号及发布年份号”以及“文件名称”。

2）注日期的引用文件的所有部分，当所有部分为同一年发布时，给出“第1部分的文件代号和顺序号”“～”（连接号）、“最后部分的文件顺序号”，然后给出年份号以及引用文件的名称，即各部分标准名的引导要素（如有）和主体要素，见示例9-2。如果所有部分不是同一年发布的，则需要分别列出每个部分，见示例9-3。

3）不注日期的引用文件，给出“文件代号、顺序号”以及“文件名称”。

4）不注日期引用文件的所有部分，给出“文件代号、顺序号”和“（所有部分）”以及引用文件的名称，即各部分标准名的引导元素（如有）和主体元素，见示例9-4。

5）引用国际文件、国外其他出版物，给出“文件编号”或“文件代号、顺序号”以及“原文名称的中文译名”，并在其后的圆括号中给出原文名称。

6）列出标准化文件之外的其他引用文件和信息资源（印刷的、电子的或其他方式的），应遵守GB/T 7714确定的相关规则。

【示例9-2】

GB/T 20501.1—2006　公共信息导向系统　要素的设计原则与要求　第1部分：图形标志及相关要素

GB/T 20501.2—2006　公共信息导向系统　要素的设计原则与要求　第2部分：文字标志及相关要素

GB/T 20501.3—2006　公共信息导向系统　要素的设计原则与要求　第3部分：平面示意图和区域功能图

GB/T 20501.4—2006　公共信息导向系统　要素的设计原则与要求　第4部分：街区导向图

GB/T 20501.5—2006　公共信息导向系统　要素的设计原则与要求　第5部分：便携印刷品

上述所有文件在规范性引用的清单中可写作：

GB/T 20501.1～20501.5—2006　公共信息导向系统　要素的设计原则与要求

【示例 9-3】

GB 4053.1—2009　固定式钢梯及平台安全要求　第 1 部分：钢直梯
GB 4053.2—2009　固定式钢梯及平台安全要求　第 2 部分：钢斜梯
GB 4053.3—2016　固定式钢梯及平台安全要求　第 3 部分：工业防护栏杆及钢平台

【示例 9-4】

GB/T 5095 分为 22 个部分，当对其所有部分不带年份号引用时，在规范性清单中应写作：

GB/T 5095（所有部分）　电子设备用机电元件　基本试验规程及测量方法

（6）根据标准中引用文件的具体情况，文件清单中列出的引用文件的排列顺序为：

1）国家标准 *[强制性或推荐性应在国家标准全文公开系统（http://openstd.samr.gov.cn/bzgk/gb/）上核实]*

2）行业标准。

3）团体标准 *[仅限公司技术标准体系中的团体标准]*

4）企业标准。

5）ISO、ISO/IEC、IEC 或 ITU 标准。

6）其他国际机构或组织的标准化文件。

7）其他文献 *[先国内、后国外有关文献，形式遵从 GB/T 7714]*

其中，国家标准、企业标准、ISO、IEC 和 ITU 标准按文件顺序号从小到大排列；行业标准、团体标准、其他国际或国外标准化文件先按文件代号的英文字母和/或阿拉伯数字的顺序排列，再按文件顺序号从小到大排列。标准起草过程中参考的标准或文件不列入规范性引用文件，可列入编制说明（见第二十一章）中。

（7）起草标准时不应引用：

1）不能公开获得的文件，例如 GJB（国家军用标准）。

注：公开获得指任何使用者能够免费获得，或在合理和无歧视的商业条款下能够获得。

2）已被代替或废止的文件。

3）国家标准化指导性技术文件(GB/Z)、行业标准化指导性技术文件(如DL/Z)、公司指导性技术文件（Q/GDW/Z)、公司文件及其他级别低于本标准的文件、国际技术报告（如IEC TR)、国际研讨会协议（如ISO IWA）等。

4）论文、论著。

（8）起草标准时不应规范性引用法律法规、规章制度和其他政策性文件，也不应普遍性要求符合法规或政策性文件的条款。诸如“……应符合国家有关法律法规”的表述是不正确的。对法律法规的引用要求见第九章第一条（16)。

注：标准使用者不管是否声明符合标准，均需要遵守法律法规。

（9）标准中所有规范性引用的文件，无论是注日期，还是不注日期，均应在要素“规范性引用文件”中列出。规范性引用文件可以注日期引用，也可以不注日期引用。同一文件是否注日期引用在全文中应一致。

（10）注日期引用意味着被引用文件的指定版本适用。凡不能确定是否能够接受被引用文件将来的所有变化，或者提及了被引用文件中的具体章、条、图、表或附录的编号，均应注日期。

注：对于注日期引用，如果随后发布了被引用文件的修改单或修订版，并且经过评估认为有必要更新原引用的文件，那么发布引用那些文件自身的修改单是更新引用文件的一种方式。

注日期引用的表述应指明年份。具体表述时应提及文件编号，包括“文件代号、顺序号及发布年份号”，省略文件名称。当引用同一个日历年发布不止一个版本的文件时，应指明年份和月份。当引用了文件具体内容时应提及内容编号，表述方式如下：

1)“……按GB/T XXXXX—2011描述的……”*[注日期引用其他文件，不能确定是否能够接受被引用文件将来的所有变化]*

2)“……履行GB/T XXXXX—2009第5章确立的程序……”*[注日期引用其他文件中具体的章]*

3)“……按照GB/T XXXXX.1—2016中5.2规定的……”*[注日期引用其他文件中具体的条]*

4)“……遵守GB/T XXXXX—2015中4.1第二段规定的要求……”*[注日期引用其他文件中具体的段]*

5)“……符合GB/T XXXXX—2013中6.3列项b)规定的……”*[注日期引用其他文*

件中具体的列项]

6）“……使用 GB/T XXXXX.1—2012 表 1 中界定的符号……” *[注日期引用其他文件中具体的表]*

（11）不注日期引用意味着被引用文件的最新版本（包括所有的修改单）适用。只有能够接受所引用内容将来的所有变化（尤其对于规范性引用），并且引用了完整的文件，或者未提及被引用文件具体内容的编号，才可不注日期。

不注日期引用的表述不应指明年份。具体表述时只应提及“文件代号和顺序号”，当引用一个分为部分的标准的所有部分时，应在标准顺序号之后标明“（所有部分）”。表述方式如下：

1）“……按照 GB/T 36572 确定的……” *[GB/T 36572 是单独标准]*

2）“……符合 DL/T 860（所有部分）中的相关规定。” *[DL/T 860 是分为部分的标准]*

（12）在标准中，规范性引用与资料性引用的表述应明确区分，规范性引用应将被引用对象表述为标准使用时必不可少的，以下表述形式属于规范性引用：

1）任何标准中，由要求型或指示型条款提及文件。

2）规范标准中，由“按”或“按照”提及试验方法类文件。

示例：“甲醛含量按 GB/T 2912.1—2009 描述的方法测定应不大于 20mg/kg”，其中的 GB/T 2912.1—2009 为规范性引用的文件。

3）指南标准中，由推荐型条款提及文件。

4）任何标准中，在“术语和定义”中由引导语提及的文件。

（13）资料性的引用文件应采用资料性的提及方式，见示例 9-5。

【示例 9-5】

“……的信息见 GB/T XXXXX。”

“GB/T XXXXX 给出了……”

“……参见 GB/T 16273……”

（14）公司技术标准中所有资料性引用的文件，均应在编制说明“与其他标准文件的关系”中作为“参考文献”列出，示例 9-6 中的附录 A 是资料性附录，其中引用的 IEEE C37.118 是资料性引用，不应列入规范性引用文件清单。

【示例 9-6】

> **附　录　A**
> **（资料性）**
> **同步相量定义及算法模型**
>
> IEEE C37.118 给出了同步相量测量基本算法的推荐模型，见图 A.1。同步相量计算经过模拟低通滤波、同步采样、DFT 计算、数字滤波等环节，完成相量采集。
>
> ……

（15）公司技术标准起草过程中参考的标准或文件不应列入规范性引用文件清单，可列入编制说明“与其他标准文件的关系”中作为“参考文献”列出。规范性引用文件清单的文件不应与编制说明中的“参考文献”重复，若同一项标准既被本标准规范性引用，又被资料性引用，则应列入规范性引用文件，而不再列入编制说明中作为“参考文献”。

（16）如果确有必要，可资料性提及法律法规，或者可通过包含“必须”的陈述，指出由法律要求形成的对标准使用者的约束或义务（外部约束）。表述外部约束时提及的法律法规并不是标准自身规定的条款，属于资料性引用的文件，通常宜与标准的条款分条表述，见示例 9-7。

【示例 9-7】

> “……强制认证标志的使用见《××××管理办法》。”
>
> “依据……法律规定，在这些环境中必须穿戴不透明的护目用具。”*［用“必须”指出外部约束］*

（17）在特殊情况下，如果确有必要抄录其他文件中的少量内容，应在抄录的内容之下或之后准确地标明来源，具体方法为：在方括号中写明“来源：文件编号，章/条编号或条目编号”。

示例：［来源：GB/T XXXXX—2015，4.3.5］

（18）在标准条文中，需要引用非标准类文件时，对于有标识和编号的文件，引用时应提及标识和编号；对于没有标识和编号的文件，引用时应提及名称。如果注日期引用还需要提及版本号或年份号。

（19）规范性引用文件清单不应用表的形式编排，格式应为：左缩进两个汉字，自左至右依次为，标准代号、空半个汉字的间隙（一个英文字符）、标准顺序号、一字线（注日期引用时）、四位数年份号（注日期引用时）、空一个汉字（两个英文字符）、标准中文名称（不加任何符号，如书名号等）。换行时顶格排，每个文件之前不加序号、之后不加标点符号。清单中如包括国际和/或国外标准，则应在标准编号后给出标准英文名称的中文译名，并在其后的中文全角圆括号中给出标准英文全称。

二、正确示例

【示例 9-8】

2　规范性引用文件

下列文件中的内容通过文中的规范性引用而构成本文件必不可少的条款。其中，注日期的引用文件，仅该日期对应的版本适用于本文件；不注日期的引用文件，其最新版本（包括所有的修改单）适用于本文件。

GB/T 2423.1—2008　电工电子产品环境试验　第 1 部分：试验方法试验 A：低温（IEC 60068-2-1：2007，IDT）

GB/T 2423.2—2008　电工电子产品环境试验　第 2 部分：试验方法试验 B：高温（IEC 60068-2-2：2007，IDT）

GB/T 4208—2017　外壳防护等级（IP 代码）

GB/T 13384—2008　机电产品包装通用技术条件

DL/T 698.45　电能信息采集管理系统　第 4-5 部分：通信协议——面向对象的数据交换协议

DL/T 830　静止式单相交流有功电能表使用导则

Q/GDW 1206　电能表抽样技术规范

Q/GDW 10354　智能电能表功能规范

Q/GDW 10356　三相智能电能表型式规范

Q/GDW 10365—2020　智能电能表信息交换安全认证技术规范

IEC 61000-4-8，Ed 2.0（2009-09）电磁兼容（EMC）-第 4-8 部分：试验和测量技术　工频磁场抗扰度试验[Electromagnetic compatibility (EMC)-Part 4-8: Testing and measurement techniques-Power frequency magnetic field immunity test]

IEC 61000-4-11：2017 电磁兼容（EMC）-第 4-11 部分：试验和测量技术-电压暂降、短时中断和电压变化的抗扰度试验[Electromagnetic compatibility (EMC)-Part 4-11：Testing and measurement techniques-Voltage dips，short interruptions and voltage variations immunity tests]

IEC CISPR 32：2015　多媒体设备的电磁兼容性—辐射要求（Electromagnetic compatibility of multimedia equipment-Emission requirements）

ISO 4892-3：2013　塑料　实验室光源照射法　第 3 部分：UV 荧光灯（Plastics-Methods of exposure tolaboratory light sources-Part 3：Fluorescent UV lamps）

三、错误示例及分析

【示例 9-9】

❶下列文件对于本标准❷的应用是必不可少的。凡是注日期的引用文件，仅所注日期的版本适用于本标准❷。凡是不注日期的引用文件，其最新版本（包括所有的修改单）适用于本规范❷。

错误提示❶：这是 GB/T 1.1—2009 中规定的规范性引用文件的引导语，应遵从 GB/T 1.1—2020 的规定。

错误提示❷：本标准/本规范均应改为“本文件”。

【示例 9-10】

下列文件中的内容通过文中的规范性引用而构成本文件必不可少的条款。其中，注日期的引用文件，仅该日期对应的版本适用于本文件；不注日期的引用文件，其最新版本（包括所有的修改单）适用于本文件。

DL/T❶ 374—2010　电力系统污区分布图绘制方法

❷GB/T❶10112—1999　术语工作原则与方法

GB/T❶10609.1—2008　技术制图标题栏

DL/T❶860❸　变电站通信网络和系统

GB/T❶17626.11-❹2008❺电磁兼容试验和测量技术电压暂降、短时中断和电压❻变化的抗扰度试验

GB❶ 190❼—2009　危险货物包装标志

Q/GDW/Z 208—2008　1000kV 变电站检修管理规范

Q/GDW/Z 725❽—2012　智能小区建设导则

Q/GDW 534❽变电设备在线监测装置系统技术导则

错误提示❶：排序应先国家标准，再行业标准。

错误提示❷：标准代号和顺序号之间应空半个汉字的间隙。

错误提示❸：DL/T 860 是分为部分的标准，应改为 DL/T 860（所有部分）。

错误提示❹：年份号前应使用一字线“—”。

错误提示❺：标准顺序号/年份号/（所有部分）与标准名称之间应有一个汉字的间隙。

错误提示❻：回行应顶格。

错误提示❼：同类标准应按顺序号由小到大排列（不分强制性或推荐性）。

错误提示❽：同类标准应按顺序号由小到大排列（不分企业标准或指导性技术文件）。

【示例 9-11】

下列文件中的内容通过文中的规范性引用而构成本文件必不可少的条款。其中，注日期的引用文件，仅该日期对应的版本适用于本文件；不注日期的引用文件，其最新版本（包括所有的修改单）适用于本文件。

GB/T 15140　航空货运集装单元［❶ISO 8097:2001❷］❸

GB/T 15834　《❹标点符号用法》❹

GB/T 15835　出版物上数字用法的规定。❺

GB/T 20063（所有部分）　简图用图形符号（❶ISO 14617［所有部分］）❻

错误提示❶：引用不注日期的采标标准，应在后面圆括号内依次给出“采标标准的顺序号和年份号，被采标标准的顺序号和年份号，一致性程度”。

错误提示❷：应标明采标一致性程度。

错误提示❸：方括号应改为中文全角圆括号。

错误提示❹：标准中文名称不应加书名号。

错误提示❺：标准清单中标准后不应有标点符号。

错误提示❻：引用采标标准的所有部分，采标信息应写在圆括号内，双重括号应外方内圆。

应改为：

GB/T 15140　航空货运集装单元（GB/T 15140—2008，ISO 8097:2001，IDT）

GB/T 15834　标点符号用法

GB/T 15835　出版物上数字用法的规定

GB/T 20063（所有部分）　简图用图形符号［ISO 14617（所有部分）］

【示例 9-12】

2　规范性引用文件

下列文件中的内容通过文中的规范性引用而构成本文件必不可少的条款。其中，注日期的引用文件，仅该日期对应的版本适用于本文件；不注日期的引用文件，其最新版本（包括所有的修改单）适用于本文件。

GB6067❶　起重机械安全规程

GB 8918—2006❷　重要用途钢丝绳

3　术语和定义

……

［正文］

10.1.2　起重机械的检查应符合 GB 6067❶《起重机械安全规程》❸第 3 章的要求。

10.1.3　应按 GB 8918—2006❷的规定从钢丝绳上做取样试验。

10.1.4　所使用的单位应符合 GB 3100❹的规定。

错误提示❶：正文提及了该标准的章条，应采用注日期引用的方式。

错误提示❷：引用强制性国家标准，未提及内部章条时，应采用不注日期的形式。

错误提示❸：此处应只列出文件代号、顺序号，不应提及标准名称。

错误提示❹：正文提及的标准应在规范性引用文件清单中列出。

应改为：

2　规范性引用文件

下列文件中的内容通过文中的规范性引用而构成本文件必不可少的条款。其中，注日期的引用文件，仅该日期对应的版本适用于本文件；不注日期的引用文件，其最新版本（包括所有的修改单）适用于本文件。

GB 3100　国际单位制及其应用（ISO 1000）

GB 6067—1985　起重机械安全规程

GB 8918　重要用途钢丝绳

……

[正文中规范性引用]

10.1.2　起重机械的检查应符合 GB 6067—1985 第 3 章的要求。

10.1.3　应按 GB 8918 的规定从钢丝绳上做取样试验。

10.1.4　所使用的单位应符合 GB 3100 的规定。

【示例 9-13】

❶信通运行〔2014〕24 号《国家电网有限公司信息通信运行安全事件即时报告工作要求》

ISO 7000　设备用图形符号索引和表❸

ITU-TG.813　SDH 设备从钟的定时要求❸

Bellcore GR-1244　同步网时钟通用一般性标准【❷Clocks for the synchronized network：common generic criteria】❷

错误提示❶：不应引用公司文件及其他级别低于本标准的文件，文件名称不用书名号。

错误提示❷：标准中文名称后面写英文全称时应使用中文全角圆括号。

错误提示❸：国际标准应在标准中文名称后列出英文全称。

应改为：

ISO 7000　设备用图形符号索引和表（Graphical symbols for use on equipment—Index and synopsis）

ITU-TG.813　SDH 设备从钟的定时要求（Timing characteristics of SDH equipment slave clocks）

Bellcore GR-1244　同步网时钟通用一般性标准（Clocks for the synchronized network：common generic criteria）

【示例 9-14】

2　规范性引用文件

下列文件中的内容通过文中的规范性引用而构成本文件必不可少的条款。其中，注日期的引用文件，仅该日期对应的版本适用于本文件；不注日期的引用文件，其最新版本（包括所有的修改单）适用于本文件。

GB/T 25931—2010 网络测量和控制系统的精确时钟同步协议（IEC 61588:2009，IDT）

DL/T 1100.1—2018❶ 电力时间同步系统 第1部分：技术规范

……

[正文中规范性引用]

10.1.1 守时精度应满足DL/T 1100.1中的要求。

10.1.2 PTP接口应满足GB/T 25931❶第12章❷的要求。

错误提示❶：同一文件是否注日期引用在全文中应一致。

错误提示❷：提及被引用文件的具体内容应注日期引用。

可改为（第一种）：

2 规范性引用文件

下列文件中的内容通过文中的规范性引用而构成本文件必不可少的条款。其中，注日期的引用文件，仅该日期对应的版本适用于本文件；不注日期的引用文件，其最新版本（包括所有的修改单）适用于本文件。

GB/T 25931—2010 网络测量和控制系统的精确时钟同步协议（IEC 61588:2009，IDT）

DL/T 1100.1 电力时间同步系统 第1部分：技术规范

……

[正文中规范性引用]

10.1.1 守时精度应满足DL/T 1100.1的相关要求。

10.1.2 PTP接口应满足GB/T 25931—2010第12章的要求。

可改为（第二种）：

2 规范性引用文件

下列文件中的内容通过文中的规范性引用而构成本文件必不可少的条款。其中，注日期的引用文件，仅该日期对应的版本适用于本文件；不注日期的引用文件，其最新版本（包括所有的修改单）适用于本文件。

GB/T 25931—2010　网络测量和控制系统的精确时钟同步协议（IEC 61588:2009，IDT）

DL/T 1100.1—2018　电力时间同步系统　第1部分：技术规范

……

10.1.1　守时精度应满足DL/T 1100.1—2018的相关要求。*[不能确定是否能够接受被引用文件将来修改后守时精度要求的变化]*

10.1.2　PTP接口应满足GB/T 25931—2010第12章的要求。

第十章

术 语 和 定 义

一、编写要求

（1）术语和定义是必备章、规范性要素。用来界定为理解标准中某些术语所必需的定义，由引导语和术语条目构成。该要素应设置为标准的第 3 章，为了表示概念的分类可以细分为条，每条应给出条标题，见示例 10-1。

【示例 10-1】

3　术语和定义

GB/T 20000.1 界定的以及下列术语和定义适用于本文件。

3.1　文件 *[有标题条的编号和术语分类标题，可提取目次]*

3.1.1 　*[术语条目编号，不可提取目次]*

标准化文件　standardizing document

通过标准化活动制定的文件。

[来源：GB/T 20000.1—2014，5.2]

3.1.2

标准　standard

通过标准化活动，按照规定的程序经协商一致制定，为各种活动或其结果提供规则、指南或特性，供共同使用和重复使用的文件。

[来源：GB/T 20000.1—2014，5.3]

3.2　文件的结构

3.2.1

结构　structure

文件中层次、要素以及附录、图和表的位置和排列顺序。

3.2.2

正文　main body

从文件的范围到附录之前位于版心中的内容。

（2）根据列出的术语和定义以及引用其他文件的具体情况，术语条目应分别由下列适当的引导语引出：

1）“下列术语和定义适用于本文件。”*［如果仅该要素界定的术语和定义适用时］*

2）“××/× XXXXX—□□□□、……和××/× XXXXX界定的术语和定义适用于本文件。”*［如果仅其他文件中界定的术语和定义适用时］*

3）“××/× XXXXX、……和××/× XXXXX—□□□□界定的以及下列术语和定义适用于本文件。”*［如果其他文件以及该要素界定的术语和定义适用时］*

上述2）、3）中的引用标准均应来自规范性引用文件清单，是否注日期引用应全文一致。

选择第2）种形式的引语时，引语后不应再列出术语。选择第1）和第3）种形式的引语时，引语后应至少列出一条术语和定义，并编号。

（3）如果没有需要界定的术语和定义，应在章标题下给出以下说明：

“本文件没有需要界定的术语和定义。”

（4）术语和定义这一要素中界定的术语应同时符合下列条件：

1）标准中至少使用两次。

2）专业的使用者在不同语境中理解不一致。

3）尚无定义或需要改写已有定义。

4）属于标准范围所限定的领域内。

（5）如果标准中使用了标准的范围所限定的领域之外的术语，可在条文的注中说明其含义，不宜界定其他领域的术语和定义。

（6）术语条目宜按照概念层级分类和编排，如果无法或无须分类可按术语的汉语拼音字母顺序编排。术语条目的排列顺序由术语的条目编号来明确。条目编号应在章或条编号之后使用下脚点加阿拉伯数字的形式。只有一个术语时也应编号。

注：术语的条目编号不是条编号。

（7）每个术语条目应包括四项内容：条目编号、术语、英文对应词、术语的定义，根据需要还可增加其他内容。按照包含的具体内容，术语条目中应依次给出：

1）条目编号。

2）术语。

3）英文对应词。

4）符号和/或缩略语。

5）术语的定义。

6）概念的其他表述形式（如图、数学公式等）。

7）示例。

8）注。

9）来源等。

其中，如果术语有符号和/或缩略语，符号和/或缩略语应优先写在本章 4）的位置，且不在第 4 章“符号和缩略语”中重复。

术语对应的符号（如果有）应位于术语的下一行，如果符号来自国际权威组织，宜在该符号后同一行的方括号中标出该组织名称，见示例 10-2。

【示例 10-2】

> 3.2
>
> **电阻**　Resistance
>
> R [IEC+ISO]
>
> （直流电）在导体中若没有电动势时，用电流除电位差。
>
> 注：电阻的单位为欧姆。

术语对应的缩略语由大写字母组成，另起一行缩进两个汉字起排，术语的英文对应词中与缩略语对应的英文单词的字母应大写，每个字母后面均没有下脚点，见示例 10-3。

【示例 10-3】

> 3.3
>
> **功率变换系统**　Power Conversion System
>
> PCS
>
> 与储能电池组配套，连接于电池组与电网之间，把电网电能存入电池组或将电池组能量回馈到电网的系统。

（8）定义的表述宜能在上下文中代替其术语。定义宜采取内涵定义的形式，其优选结构为:“定义=用于区分所定义的概念同其他并列概念间的区别特征+上位概念”。

术语和定义中宜尽可能界定表示一般概念的术语，而不界定表示具体概念的组合术语，表达具体概念的术语通常可由表达一般概念的术语组合而成。例如，当具体概念“自驾游基础设施”等同于“自驾游”和“基础设施”两个一般概念之和时，分别定义术语“自驾游”和“基础设施”即可，不必定义“自驾游基础设施”。

（9）定义中如果包含了其所在标准的术语条目中已定义的术语，可在该术语之后的括号中给出对应的条目编号，见示例 10-4 中 3.3.2，以便提示参看相应的术语条目。

（10）定义开头不必再重复术语，定义的其他位置也不应包含术语。定义不用代词（它、这个、该等）开头。定义中不使用“指”“是指”“表示”“称为”等及类似词语。

（11）定义应使用陈述型条款，既不应包含要求型条款，也不应写成要求的形式。附加信息应以示例或注的表述形式给出。

（12）在特殊情况下，如果确有必要抄录其他文件中的少量术语条目，应在抄录的术语条目之下准确地标明来源，来源信息写于直角方括号内，具体方法为：在方括号中写明“来源：文件编号，条目编号”，见示例 10-4 中 3.3.4。当需要改写所抄录的术语条目中的定义时，应在标明来源处予以指明。具体方法为：在方括号中写明“来源：文件编号，条目编号，有修改”，见示例 10-4 中 3.3.3。

【示例 10-4】

3.3 文件的表述

3.3.1

条款 provision

在文件中表达应用该文件需要遵守、符合、理解或做出选择的表述。

3.3.2

要求 requirement

表达声明符合该文件需要满足的客观可证实的准则，并且不准许存在偏差的条款（3.3.1）。

3.3.3

指示　instruction

表达需要履行的行动的条款（3.3.1）。

[来源：GB/T 20000.1—2014，9.3，有修改]

3.3.4

推荐　recommendation

表达建议或指导的条款（3.3.1）。

[来源：GB/T 20000.1—2014，9.4]

（13）术语的定义中可采用图和数学公式作为定义的辅助形式；采用示例和注给出补充术语条目内容的附加信息。见示例 10-5。

【示例 10-5】

3.4

视觉元素　visual element

构成导向元素的各个组成部分。

示例：见图 3。

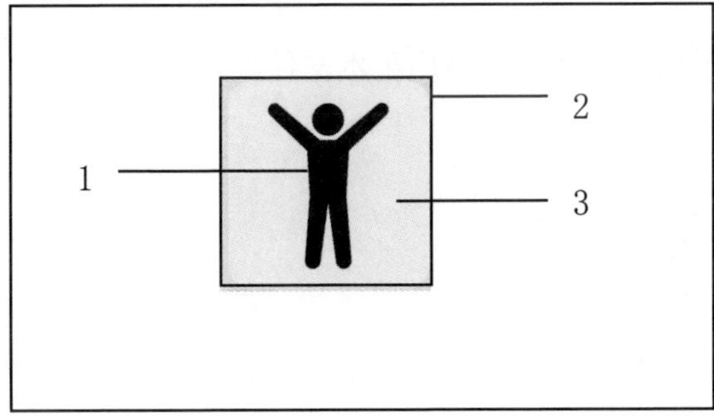

标引序号说明：

1——图形符号；

2——边框；

3——底色。

图 3　标志的图形、边框和底色

注：通常包括图形符号、图像、箭头、文字、数字、颜色、底色、边框等。

[来源：GB/T XXXXX—□□□□，3.4]

（14）定义加注可以给出解释信息、量的单位等，只有一个注，应在注的第一行文字前标明“注：”。有多个注时，应标明“注 1：”“注 2：”“注 3：”等。“注：”或“注 *N*：”应另起一行空两个汉字起排，其后为注的内容，回行时与注的内容首字左对齐。每一个注均应以“。”结尾。

（15）同一个术语，如需同时列出示例、注和来源，应先写示例，另起一行写注，再另起一行写来源。

（16）术语条目不应编排成表的形式，其任何内容均不准许插入脚注。

（17）术语条目编号应顶格起排，单独占一行，上下无空行。英文对应词位于术语之后，与术语之间空一个汉字的间隙。除非原文需要大写或专用名词外，英文对应词的字母若无符号和缩略语均小写。除条目编号、英文对应词外，术语条目的各项内容均应另行空两个汉字起排，定义回行时顶格编排。

二、正确示例

【示例 10-6】

3　术语和定义

GB/T 20000.1 界定的以及下列术语和定义适用于本文件。

3.1　文件

3.1.1

标准化文件　standardizing document

通过标准化活动制定的文件。

［来源：GB/T 20000.1—2014，5.2］

3.1.2

标准　standard

通过标准化活动，按照规定的程序经协商一致制定，为各种活动或其结果提供规则、指南或特性，供共同使用和重复使用的文件。

［来源：GB/T 20000.1—2014，5.3］

3.1.3

基础标准　basic standard

以相互理解为编制目的形成的具有广泛适用范围的标准（3.1.2）。

注：通常包括术语标准、符号标准、分类标准、试验标准等。

3.1.4

通用标准　general standard

包含某个或多个特定领域普遍适用的条款（3.3.1）的标准（3.1.2）。

注：通用标准在其名称中常包含词语“通用”，例如通用规范、通用技术要求等。

3.2　文件的结构

3.2.1

结构　structure

文件中层次、要素以及附录、图和表的位置和排列顺序。

3.2.2

正文　main body

从文件的范围到附录之前位于版心中的内容。

三、错误示例及分析

【示例 10-7】

2　规范性引用文件

下列文件中的内容通过文中的规范性引用而构成本文件必不可少的条款。其中，注日期的引用文件，仅该日期对应的版本适用于本文件；不注日期的引用文件，其最新版本（包括所有的修改单）适用于本文件。

GB 4208　外壳防护等级（IP 代码）

GB 4943.1　信息技术设备安全　第 1 部分：通用要求

DL/T 860（所有部分）　变电站通信网络和系统

3　术语和定义

❶GB 4208、GB 4943.1、DL/T 860（所有部分）界定的以及下列术语和定义适用于本标准❷。

❸**传感器　sensor**❹变电设备的状态感知元件，用于将设备某一状态参量转变为可采集的信号。

❸数据通信网❺data communication network

基于三层 IP 技术构建的 MPLS 数据通信网❻，主要由路由交换设备构成，一般由核心层、汇聚层、接入层组成。

错误提示❶：应缩进两个汉字起排。

错误提示❷："本标准"应改为"本文件"。

错误提示❸：每条术语均应有条目编号。

错误提示❹：定义应另起一行。

错误提示❺：术语与英文对应词之间应空一个汉字的间隙。

错误提示❻：定义不应包含本术语。

应改为：

2　规范性引用文件

下列文件中的内容通过文中的规范性引用而构成本文件必不可少的条款。其中，注日期的引用文件，仅该日期对应的版本适用于本文件；不注日期的引用文件，其最新版本（包括所有的修改单）适用于本文件。

GB 4208　外壳防护等级（IP 代码）

GB 4943.1　信息技术设备安全　第 1 部分：通用要求

DL/T 860（所有部分）　变电站通信网络和系统

3　术语和定义

GB 4208、GB 4943.1、DL/T 860（所有部分）界定的以及下列术语和定义适用于本文件。

3.1

传感器　sensor

变电设备的状态感知元件，用于将设备某一状态参量转变为可采集的信号。

3.2

数据通信网　data communication network

基于三层 IP 技术，一般由核心层、汇聚层、接入层组成，主要由路由交换设备构成的网络。

【示例 10-8】

3.1❶　采用　Adoption❷

指❸以相应国际标准为基础编制，并标明了与其之间差异的国家规范性文件的发布。

改写 GB/T 20000.1—2002，定义❼2.10.1❹。

3.2❶　电阻　resistance

在导体中没有电动势时，用电流除电位差。单位为欧姆❺。

3.3❶　基础标准　basic standard

以相互理解为编制目的形成的具有广泛适用范围的标准。

❻［来源：GB/T 1.1—2002，定义❼3.1.3］

注：❻通常包括术语标准、符号标准、分类标准、试验标准等。

错误提示❶：术语条目编号后，应另起一行写中文术语和英文对应词。

错误提示❷：英文对应词应全部采用小写的形式。

错误提示❸：定义中不必再使用“它”“指”“是指”等词。

错误提示❹：改写应按规定形式编排。

错误提示❺：适用于量的单位信息应以注的形式给出。

错误提示❻：应“注：”在前，“来源”在后，各另起一行。

错误提示❼：指明术语来源时，文件编号后直接写条目编号，不必写“定义”两字。

应改为：

3.1

采用　adoption

以相应国际标准为基础编制，并标明了与其之间差异的国家规范性文件的发布。

［来源：GB/T 20000.1—2002，2.10.1，有修改］

3.2

电阻　resistance

在导体中没有电动势时，用电流除电位差。

注：单位为欧姆。

3.3

基础标准　basic standard

以相互理解为编制目的形成的具有广泛适用范围的标准。

注：通常包括术语标准、符号标准、分类标准、试验标准等。

［来源：GB/T 1.1—2002，3.1.3］

【示例 10-9】

3　术语和定义

下列术语和定义适用于本部分❶。

3.1

在线监测装置❷on-line monitoring device

通常安装在被监测设备上或附近，用以自动采集、处理和发送被监测设备状❸态信息的监测装置（含传感器）。监测装置应❹通过现场总线、以太网、无线等❸通信方式与综合监测单元或直接与站端监测单元通信。

3.2

局部放电❷partial discharge

设备绝缘系统中部分被击穿的电气放电，这种放电可发生在导体（电极）附近。

〔❺DL/T 417—2006，定义 3.1〕

❻注 1❼：导体（电极）周围气体中的局部放电有时称为“电晕”，这一名词不适用于其他形式局部放电。❽

错误提示❶：“本部分”应改为“本文件”。

错误提示❷：中文术语和英文对应词之间应为一个汉字的间隙。

错误提示❸：定义的回行内容应顶格编排。

错误提示❹：术语的定义不应写成要求的形式。

错误提示❺：方括号的规格不对。标明来源时，应在方括号中写明“来源：文件编号，条目编号”。

错误提示❻：应先写注，再另起一行写来源。

错误提示❼：只有一个注时，应改为黑体“注：”。

错误提示❽：注的回行应与注内容的首字左对齐。

应改为：

3　术语和定义

下列术语和定义适用于本文件。

3.1

在线监测装置　on-line monitoring device

通常安装在被监测设备上或附近，用以自动采集、处理和发送被监测设备状态信息的监测装置（含传感器）。

3.2

局部放电　partial discharge

设备绝缘系统中部分被击穿的电气放电，这种放电可发生在导体（电极）附近。

注：导体（电极）周围气体中的局部放电有时称为“电晕”，这一名词不适用于其他形式局部放电。

［来源：DL/T 417—2006，3.1］

第十一章 符号和缩略语

一、编写要求

（1）符号和缩略语是可选章、规范性要素。用来给出为理解标准所必需的、标准中使用的符号和缩略语的说明或定义，由引导语和带有说明的符号和/或缩略语清单构成。如果为了反映技术准则，符号需要以特定次序列出，那么该要素可以细分为条，每条应给出条标题。

（2）与术语有对应关系的符号和/或缩略语优先并入“术语和定义”，这些符号和/或缩略语不应在本章重复列出，见第十章第一条（7）。

（3）第一段为引导语，根据列出的符号、缩略语的具体情况，符号和/或缩略语清单应分别由下列适当的引导语引出：

1）“下列缩略语适用于本文件。”见示例 11-1。*［该要素列出的缩略语适用时］*

2）“下列符号适用于本文件。”见示例 11-2。*［该要素列出的符号适用时］*

3）“下列符号和缩略语适用于本文件。”见示例 11-3。*［该要素列出的符号和缩略语适用时］*

4）“表 X 中界定的符号适用于本文件。”见示例 11-4～示例 11-6。*［该要素列出的符号适用，且符号用文字表格或图形表格的形式呈现时］*

（4）符号和缩略语应符合国家现行有关标准的规定。*［当现行标准中没有规定时，应采用国际通用符号］*

（5）无论该要素是否分条，清单中的符号和缩略语之前均不给出序号，且宜按下列规则以字母顺序列出：

1）同一字母的大写英文字母置于小写英文字母之前（A、a、B、b 等）。

2）无角标的字母置于有角标的字母之前，有字母角标的字母置于有数字角标的字母之前（B、b、C、C_m、C_2、c、d、d_{ext}、d_{int}、d_1等）。

3）希腊字母置于英文字母之后（Z、z、A、α、B、β、…、Λ、λ等）。

4）其他特殊符号置于最后。

（6）符号和缩略语的说明或定义宜使用陈述型条款，不应包含要求和推荐型条款。

（7）每一个符号、缩略语均应在正文中被明确提及，并全文一致。

（8）如果标准中未给出缩略语清单，但需要使用英文字母组成的缩略语，那么在正文中第一次使用时，应给出缩略语对应的中文词语或解释，并将缩略语置于其后的圆括号中，以后则应使用缩略语。

（9）缩略语宜由大写英文字母组成，每个字母后面没有下脚点（例如 DNA）。由于历史或技术原因，个别情况下约定俗成的缩略语可使用不同的方式书写。

（10）每个缩略语均应另起一行缩进两个汉字后编排。

（11）每个缩略语接排中文模式的"："后，再给出其相应的中文含义，还应在其后的中文全角圆括号中给出英文全称，英文单词对应缩略语的字母应大写，各英文单词之间空一个英文字符的间隔。由于历史或技术原因，个别情况下约定俗成的缩略语英文单词对应缩略语的字母大小写可使用不同的方式。

【示例 11-1】

4　缩略语

下列缩略语适用于本文件。

BBV：位流虚拟参考解码器（Bitstream Buffer Verifier）

CIF：通用中间格式（Common Intermediate Format）

LSB：最低有效位（Least Significant Bit）

MB：宏块（Macroblock）

【示例 11-2】

4　符号

下列符号适用于本文件。

I_{cable}——单芯电缆工作在自由空气中的允许持续载流量。

I_{corr}——按特定工作条件修正的单芯电缆载流量。

I_{load} ——正常工作条件下电缆的负载电流。
I ——电缆工作时的静态电流。
k_1 ——预期环境条件修正系数。
k_2 ——敷设类型修正系数。
S ——导体的标称截面积。

【示例 11-3】

4 符号和缩略语

4.1 符号

下列符号适用于本文件。
I_{cable} ——单芯电缆工作在自由空气中的允许持续载流量。
I_{corr} ——按特定工作条件修正的单芯电缆载流量。
I_{load} ——正常工作条件下电缆的负载电流。
I ——电缆工作时的静态电流。
k_1 ——预期环境条件修正系数。
k_2 ——敷设类型修正系数。
S ——导体的标称截面积。

4.2 缩略语

下列缩略语适用于本文件。
BBV：位流虚拟参考解码器（Bitstream Buffer Verifier）
CIF：通用中间格式（Common Intermediate Format）
LSB：最低有效位（Least Significant Bit）
MB：宏块（Macroblock）

（12）符号可以用表格的形式呈现，条文中提及“表 X 中界定的符号适用于本文件”。符号表的表头通常含有编号栏、符号栏、名称栏或说明栏，见示例 11-4。使用时可根据实际情况调整表头内容。文字符号如果以名称、符号和说明的形式出现，表头中从左到右可为编号栏、名称栏、符号栏、说明栏，见示例 11-5。图形符号表头中从左到右编号栏可为序号栏，符号栏可为图形标志栏，名称栏可为含义栏，说明栏可依据说明的内容进行调整，见示例 11-6。

【示例 11-4】

编号	符号	名称	说明

【示例 11-5】

表 1　装置符号表

编号	名称	符号	说明
2-011	速度传感器 velocity transducer	BS	加速度计、转速计、测速发电机

表 1　（续）

编号	名称	符号	说明
2-012	多变量传感器 multiplevariable transducer	BU	
2-013	电能的电容储存装置 capacitive storage device of electric energy	CA	电容器
2-014	电能的感应储存装置 inductive storage device of electric energy	CB	线圈、超导体

【示例 11-6】

序号	图形标志	小型的图形符号	含义	说明
013	¥	¥	银行 Bank	表示可进行存款、取款、汇兑、贷款等业务的场所或位置

二、正确示例

【示例 11-7】

4　符号和缩略语

4.1　符号

表 1 中界定的符号适用于本文件。

表 1　××××××

编号	符号	名称	说明

4.2　缩略语

下列缩略语适用于本文件。

FA：馈线自动化（Feeder Automation）

GIS：地理信息系统（Geographic Information System）

PMS：设备（资产）运维精益管理系统（Production Management System）

三、错误示例及分析

【示例 11-8】

4　缩略语

下列缩略语适用于本指导性技术文件❶。

EMS，❷网元管理系统［❹Element Management System］❹

❸GIS：气体绝缘开关设备❺ （Gas Insulated Switchgear）❸IED：智能电子设备（i❻ntelligent e❻lectronic d❻evice）

错误提示❶：“本指导性技术文件”应改为“本文件”。

错误提示❷：缩略语后应加“：”再接中文释义。

错误提示❸：每个缩略语均应单独成行，且应缩进两个汉字。

错误提示❹：应采用中文全角圆括号。

错误提示❺：中文释义和圆括号间不应有间隙（本示例中有间隙）。

错误提示❻：圆括号内的单词对应缩略语的字母应大写。

应改为：

4　缩略语

下列缩略语适用于本文件。

EMS：网元管理系统（Element Management System）

GIS：气体绝缘开关设备（Gas Insulated Switchgear）

IED：智能电子设备（Intelligent Electronic Device）

【示例 11-9】

4　符号

下列符号适用于本标准❶。

a：❷　❸长；❹

b：❷　❸宽；❹

h：❷　❸高；❹

V：❷　❸体积。

错误提示❶："本标准"应改为"本文件"。

错误提示❷：不应为冒号，应改为破折号。

错误提示❸：不应有空格，不应排成表格的形式。

错误提示❹：不应为分号，应改为句号。

应改为：

4　符号

下列符号适用于本文件。

a——长。

b——宽。

h——高。

V——体积。

【示例 11-10】

4　缩略语

下列缩略语适用于本标准❶。

BBV：	❷位流虚拟参考解码器	❷（Bitstream Buffer Verifier）
CIF：	❷通用中间格式	❷（Common Intermediate Format）
LSB：	❷最低有效位	❷（Least Significant Bit）
MB：	❷宏块	❷（Macroblock）

错误提示❶："本标准"应改为"本文件"。

错误提示❷：不应有空格，不应排成表格的形式。

应改为：见示例 11-1。

第十二章

章、条、段

一、编写要求

（1）核心技术要素是必备的规范性要素，即主题章。主要由条款和少量附加信息构成。核心技术要素所允许的表述形式包含条文、图、表、数学公式、示例、注、脚注、引用、提示和附录。

（2）核心技术要素这一要素是各种功能类型标准（见第四章）的标志性的要素，它是表述标准特定功能的要素。标准功能类型不同，其核心技术要素就会不同，表述核心要素使用的条款类型也会不同。各种功能类型标准所具有的核心技术要素以及所使用的条款类型应符合表 12-1 的规定。各种功能类型标准的核心技术要素的具体编写应遵守 GB/T 20001（所有部分）的规定，见表 12-1。

表 12-1　各种功能类型标准的核心技术要素以及所使用的条款类型

标准功能类型	核心技术要素	使用的条款类型	基础性国家标准
术语标准	术语条目	界定术语的定义 使用陈述型条款	GB/T 20001.1
符号标准	符号/标志及其含义	界定符号或标志的含义 使用陈述型条款	GB/T 20001.2
分类标准	分类和/或编码	陈述、要求型条款	GB/T 20001.3
试验标准	试验步骤 试验数据处理	指示、要求型条款 陈述、指示型条款	GB/T 20001.4
规范标准	要求 证实方法	要求型条款 指示、陈述型条款	GB/T 20001.5

续表

标准功能类型	核心技术要素	使用的条款类型	基础性国家标准
规程标准	程序确立 程序指示 追溯/证实方法	陈述型条款 指示、要求型条款 指示、陈述型条款	GB/T 20001.6
指南标准	需考虑的因素	推荐、陈述型条款	GB/T 20001.7
注：如果标准化指导性技术文件具有与表中规范标准、规程标准相同的核心技术要素及条款类型，那么该标准化指导性技术文件为规范类或规程类。			

（3）根据不同功能类型的标准需求，在核心技术要素之前可先给出以下要素：

1）产品类标准中可在核心技术要素之前可先给出“分类和编码”。

2）系统类标准中可在核心技术要素之前可先给出“系统构成”。

3）需对整体或多要素进行规定的标准可在核心技术要素之前可先给出“总体原则和/或总体要求”。

（4）分类和编码这一要素可以在核心技术要素之前独立成章，用来给出针对标准化对象的划分，以及对分类结果的命名或编码，以便其后的核心技术要素中包含针对分类和编码中给出的细分类别做出规定。它通常涉及“分类和命名”“编码和代码”等内容。

（5）对于系统标准，通常含有系统构成这一要素可以在核心技术要素之前独立成章，用来确立构成系统的分系统，或进一步的组成单元。系统标准其后的核心技术要素将包含针对分系统或组成单元做出规定的内容。

（6）分类和编码/系统构成通常使用陈述型条款。根据编写的需要，该要素也可与规范、规程或指南标准中的核心技术要素的有关内容合并，在一个复合标题下形成相关内容。

（7）总体原则这一要素用来规定为达到编制目的需要依据的方向性的总框架或准则。标准中随后各要素中的条款需要符合或者具体落实这些原则，从而实现标准编制目的。标准中如果涉及总体原则/总则/原则，宜设置总体原则/总则/原则，应使用陈述或推荐性条款，不应包含要求型条款。

（8）总体要求这一要素用来规定涉及整体标准或随后多个要素均需要规定的要求。标准中如果涉及总体要求的内容，宜设置总体要求。总体要求应使用要求型条款。

如果标准中既有总体原则，又有总体要求，宜将这两部分内容分开编制，独立成章。

（9）以上（3）～（8）是关于标准核心技术要素中通用内容的处理方法。关于标准中某章/条的通用内容宜作为该章/条中最前面的一条。根据具体的内容，可用“通用要求”“通则”“概述”作为条标题。

通用要求用来规定某章/条中涉及多条的要求，均应使用要求型条款。通则用来规定与某章/条的共性内容相关的或涉及多条的内容，使用的条款中应至少包含要求型条款，还可包含其他类型的条款。概述用来给出与某章/条内容有关的陈述或说明，应使用陈述型条款，不应包含要求、指示或推荐型条款。除非确有必要通常不设置“概述”。

（10）章是标准层次划分的基本单元。应使用从 1 开始的阿拉伯数字对章编号。章编号应从范围一章开始，一直连续到附录之前。每一章均应有章标题，并应置于编号之后。

（11）条是章内有编号的细分层次。条可以进一步细分，细分层次不宜过多，最多可分到第五层次（如 5.1.1.1.1.1）。一个层次中有一个以上的条时才可设条，例如第 5 章中，如果没有 5.2，就不必设立 5.1，6.1 中，如果没有 6.1.2，就不应设 6.1.1；附录 C 中，如果没有 C.2，就不应设 C.1，见示例 12-1。应避免对无标题条再分条。

【示例 12-1】

5　节点时钟设置总体要求

节点时钟应根据频率同步网等级结构及网络构成进行设置。

6　节点时钟设置分项要求

6.1　一级网络节点

对于一级网络节点，应在省际传输网与省级传输网的重要交汇节点上设置 1 级基准时钟。

6.2　二级网络节点

对于二级网络节点，应在省际、省级传输网中心节点上设置 2 级基准时钟。

（12）条编号应使用阿拉伯数字并用下脚点与章编号或上一层次的条编号相隔。

（13）第一层次的条宜给出条标题，并应置于编号之后。第二层次的条可同样处理。某一章或条中，其下一个层次上的各条，有无标题应一致。例如 6.2 的下一层次有 6.2.1、6.2.2、6.2.3 等，视编写需要，可以都是有标题条，也可以都是无标题条，但必须一致。如果 6.2.1 给出了标题，6.2.2、6.2.3 等也需要给出标题，或者反之，该层次的条都不给出标题。

（14）提取目次的条应有标题，无标题条无法列入目次。

（15）段是章或条内没有编号的细分层次。为了不在引用时产生混淆，同一章或同一条内没有编号的段不宜多于两段。若不止一段，则应仅包含一项要求，即同一个编号仅包含一项要求及相关说明。

（16）为了不在引用时产生混淆，不应在章标题与条之间或条标题与下一层次条之间设段（称为“悬置段”）。如示例 12-2 左侧所示，按照章条的隶属关系，第 5 章不仅包括所标出的“悬置段”，还包括 5.1 和 5.2。这种情况下，无法准确指明悬置段，引用悬置段时有可能发生混淆。避免混淆的方法之一是将悬置段改为条，如示例 12-2 右侧所示，将左侧的悬置段编号并加标题“5.1　通用要求”（也可给出其他适当的标题），并且将左侧的 5.1 和 5.2 重新编号，依次改为 5.2 和 5.3。为了避免混淆还可将悬置段的内容移到别处；如果非必不可少的内容也可删除。

【示例 12-2】

不　正　确

5　要求

　　×××××××××××××××××
××××××××××*[悬置段]*

5.1　××××××××

　　×××××××××××××××××
××××

5.2　×××××××

　　×××××××××××××××××
××××××××××××××××××××
××××××××××××××××××××
×××××××

6　试验方法

正　　确

5　要求

5.1　通用要求

　　×××××××××××××××
××××××××××

5.2　××××××××

　　×××××××××××××××
×××

5.3　×××××××

　　×××××××××××××××
×××××××××××××××××
×××××××××××××××××
×××××××××

6　试验方法

（17）悬置段有四类情况，错误示例见示例 12-3～示例 12-6。

1）第一类：在章标题与下一层次有标题条（如 5××和 5.1××）之间设段，错误示例见示例 12-3。

【示例 12-3】

5　节点时钟设置

节点时钟设置应根据频率同步网等级结构及网络构成进行设置。*［第一类悬置段］*

5.1　一级网络节点

对于一级网络节点，应在省际传输网与省级传输网的重要交汇节点上设置 1 级基准时钟。

5.2　二级网络节点

对于二级网络节点，应在省际、省级传输网中心节点上设置 2 级基准时钟。

2）第二类：在章标题与下一层次无标题条（如 5　××和 5.1　××××。）之间设段，错误示例见示例 12-4。

【示例 12-4】

6　节点时钟设置

节点时钟设置应根据频率同步网等级结构及网络构成进行设置。*［第二类悬置段］*

6.1　对于一级网络节点，应在省际传输网与省级传输网的重要交汇节点上设置 1 级基准时钟。

6.2　对于二级网络节点，应在省际、省级传输网中心节点上设置 2 级基准时钟。

3）第三类：在有标题条的标题与下一层次有标题条（如 3.1　××和 3.1.1　××）之间设段，错误示例见示例 12-5。

【示例 12-5】

7.1　节点时钟设置

节点时钟设置应根据频率同步网等级结构及网络构成进行设置。*［第三类悬置段］*

7.1.1　一级网络节点

对于一级网络节点，应在省际传输网与省级传输网的重要交汇节点上设置 1 级基准时钟。

7.1.2　二级网络节点

对于二级网络节点，应在省际、省级传输网中心节点上设 2 级基准时钟。

4）第四类：在有标题条的标题与下一层次无标题条（如 6.2　××和 6.2.1　××）之间设段，错误示例见示例 12-6。

【示例 12-6】

7.2　节点时钟设置

节点时钟设置应根据频率同步网等级结构及网络构成进行设置。*［第四类悬置段］*

7.2.1　对于一级网络节点，应在省际传输网与省级传输网的重要交汇节点上设置 1 级基准时钟。

7.2.2　对于二级网络节点，应在省际、省级传输网中心节点上设置 2 级基准时钟。

以第一类悬置段为例给出两种可选的处理方案见示例 12-7 和示例 12-8，其余三类悬置段可参照处理。

1）移除悬置段（删除或者将悬置段内容移至其他位置），示例 12-3 改为示例 12-7。

【示例 12-7】

5　节点时钟设置 *［将原先介于 5 和 5.1 之间的悬置段移除］*

5.1　一级网络节点

对于一级网络节点，应在省际传输网与省级传输网的重要交汇节点上设置 1 级基准时钟。

5.2　二级网络节点

对于二级网络节点，应在省际、省级传输网中心节点上设置 2 级基准时钟。

2）新设置一个有标题条（如果原 5.1 和 5.2 是无标题条，则新设一个无标题条），将悬置段至于新条下面，原先的有标题条的条编号依次加 1，示例 12-3 改为示例 12-8。

【示例 12-8】

5　节点时钟设置

5.1　**总体要求** *［新设置一个有标题条 5.1］*

　　节点时钟设置应根据频率同步网等级结构及网络构成进行设置。*［将悬置段至于新 5.1 下面］*

5.2　**一级网络节点** *［原先的有标题条的条编号依次增 1，由 5.1 增为 5.2］*

　　对于一级网络节点，应在省际传输网与省级传输网的重要交汇节点上设置 1 级基准时钟。

5.3　**二级网络节点** *［原先的有标题条的条编号依次增 1，由 5.2 增为 5.3］*

　　对于二级网络节点，应在省际、省级传输网中心节点上设置 2 级基准时钟。

（18）“术语和定义”“符号和缩略语”中的引导语不是悬置段。

（19）章、条编号应顶格起排，空一个汉字的间隙接排章、条标题。章编号和章标题应单独占一行，上下各空一行；条编号和条标题也应单独占一行，上下各空半行。无标题条的条编号之后，空一个汉字的间隙接排条文。段不编号。段的文字应空两个汉字起排，回行时顶格编排。

（20）章的编号和标题均为五号黑体；有标题条，条编号和标题为五号黑体，条的内容为五号宋体；无标题条的编号为五号黑体，无标题条的内容为五号宋体。

二、正确示例

【示例 12-9】

8　工厂验收

8.1　总体要求

8.1.1　工厂验收前应具备的条件：生产厂家已提交工厂验收大纲，并通过项目建设负责单位审核，生产厂家已按照合同要求完成设备生产、集成，以及厂内检测及试验工作，并提供完整的测试报告。

8.1.2　工厂验收时应检查的频率同步网网管功能测试项目包括：频率同步网网管的一般功能、故障管理功能、性能管理功能、配置管理功能、安全管理功能等。

8.1.3　工厂验收时同步设备单机及网管系统测试技术指标应符合附录 A。

8.2　同步设备技术指标测试

8.2.1　PRC 技术指标测试

8.2.1.1　PRC 设备功能

8.2.1.1.1　卫星接收机单元

相关配置情况及功能应满足 Q/GDW/Z 11394.2—2015 中 7.1.1.2 的要求。

8.2.1.1.2　铯钟单元

铯钟单元的相关配置情况及功能，应满足 Q/GDW/Z 11394.2—2015 中 7.1.1.1 的要求。

8.2.1.2　PRC 设备性能

PRC 设备性能的指标验收应符合附录 A。

8.2.2　LPR 技术指标测试

应根据 LPR 设备性能的验收指标进行。

8.3　频率同步网网管功能测试

频率同步网网管功能包括一般功能和故障管理功能。

【示例 12-10】

8　技术指标

8.3　额定电气参数

交、直流电源应符合 DL/T 282—2012 中 6.2.1 的规定。

8.4　装置的功能

8.4.1　基本功能

8.4.1.1　接收 ECT 和 EVT 数字信息

通过光纤实时接收 ECT 和 EVT 输出的采样值报文。

8.4.1.2　交流模拟量采集

需要接入交流模拟量的计量用合并单元应具备交流模拟量采集的功能，可采集传统电压互感器和电流互感器输出的模拟信号，也可采集电子式互感器输出的模拟小信号。

8.4.1.3　采样率

交流模拟量的采样速率为 12800Hz，ECT 和 EVT 数字信息默认采样速率为

12800Hz。

8.4.2　选配功能

8.4.2.1　人工置数功能

计量用合并单元处于调试状态时可以通过计量用合并单元的人机界面或通信接口，人为设定其输出的各路交流电压或电流采样值的幅值、频率和相位等，方便联调。

8.4.2.2　其他实用功能

计量用合并单元可以接收与电子式互感器相关的各种温度和环境测量数据，如温度和振动监测数据，按照模块化结构扩展。

三、错误示例及分析

【示例 12-11】

8　工厂验收

8.1　总体要求❶

8.1.1　工厂验收前的条件❷

生产厂家已提交工厂验收大纲，并通过项目建设负责单位审核，生产厂家已按照合同要求完成设备生产、集成，以及厂内检测及试验工作，并提供完整的测试报告。

8.1.2　工厂验收时应检查的频率同步网网管功能测试项目包括：频率同步网网管的一般功能、故障管理功能、性能管理功能、配置管理功能、安全管理功能等。❷

8.1.3　工厂验收时同步设备单机及网管系统测试技术指标应符合附录 A。❷

8.2　同步设备技术指标测试包括全网基准时钟设备（PRC）技术指标测试和区域基准时钟设备（LPR）技术指标测试。❶❸

PRC 和 LPR 技术指标测试应符合相关标准的规定。❹

8.2.1　PRC 技术指标测试❷

8.2.1.1　❺PRC 设备功能包括卫星接收机单元和铯钟单元。❻

8.2.1.1.1　❺卫星接收机单元

相关配置情况及功能应满足 Q/GDW/Z 11394.2—2015 中 7.1.1.2 的要求。

8.2.1.12　绝钟单元

相关配置情况及功能满足 Q/GDW/Z 11394.2—2015 中 7.1.1.2 的要求。

8.2.1.2　PRC 设备性能

PRC 设备性能的指标验收应符合附录 A。

8.2.2　LPR 技术指标测试应根据 LPR 设备性能的验收指标进行。❷❻

8.2.2.1　LPR 的技术指标验收❼

8.2.2.2　LPR 的相关配置及功能❼

8.3　频率同步网网管功能测试❶

频率同步网网管功能包括一般功能和故障管理功能。

[对应目次如下]

目　　次

错误提示❶：同一章中，第一层次条有无标题应统一。

错误提示❷：同一条中，下一层次条有无标题应统一。

错误提示❸：无标题条不应出现在目次中。

错误提示❹：无标题条下不应出现段。

错误提示❺：无 3.2.1.2 则不应设 3.2.1.1 条（一个层次中有 2 条以上才可设条），无 3.2.1.1.2 则不应设 3.2.1.1.1 条。

错误提示❻：不应对无标题条再分条。

错误提示❼：有标题条下面应有内容，应设段。

应改为：见示例 12-9。

【示例 12-12】

9　技术指标

技术指标应包括环境条件、额定电气参数、装置的功能以及基本性能要求。❶

9.1　环境条件

工作场所的环境条件应符合 DL/T 282—2012 中 6.1 的规定。

9.2　额定电气参数

交直流电源应符合 DL/T 282—2012 中 6.2.1 的规定。

9.3　装置的功能

装置的功能应包括基本功能和选配功能。❷

9.3.1　基本功能

9.3.1.1　接收 ECT 和 EVT 数字信息

通过光纤实时接收 ECT 和 EVT 输出的采样值报文。

9.3.1.2　交流模拟量采集

需要接入交流模拟量的计量用合并单元应具备交流模拟量采集的功能，可采集传统电压互感器和电流互感器输出的模拟信号，也可采集电子式互感器输出的模拟小信号。

9.3.1.3　采样率

交流模拟量的采样速率为 12800Hz，ECT 和 EVT 数字信息默认采样速率为 12800Hz。

9.3.2　选配功能

选配功能包括：

a) 人工置数功能：

计量用合并单元处于调试状态时可以通过计量用合并单元的人机界面或通信接口，人为设定其输出的各路交流电压或电流采样值的幅值、频率和相位等，方便联调。❸

b) 其他实用功能。

9.4　基本性能要求

基本性能应满足附录 A 的规定。

错误提示❶：不应出现悬置段（此例中主题章和第一层次条之间的段为悬置段）。

错误提示❷：不应出现悬置段（此例中第一层次条和第二层次条之间的段为悬置段）。

错误提示❸：不应在列项的下一层次设置段。

应改为：

9　技术指标

9.1　环境条件

工作场所的环境条件应符合 DL/T 282—2012 中 6.1 的规定。

9.2　额定电气参数

交、直流电源应符合 DL/T 282—2012 中 6.2.1 的规定。

9.3　装置的功能

9.3.1　基本功能

9.3.1.1　接收 ECT 和 EVT 数字信息

通过光纤实时接收 ECT 和 EVT 输出的采样值报文。

9.3.1.2　交流模拟量采集

需要接入交流模拟量的计量用合并单元应具备交流模拟量采集的功能，可采集传统电压互感器和电流互感器输出的模拟信号，也可采集电子式互感器输出的模拟小信号。

9.3.1.3　采样率

交流模拟量的采样速率为 12800Hz，ECT 和 EVT 数字信息默认采样速率为 12800Hz。

9.3.2　选配功能

选配功能包括人工置数功能及其他实用功能。

人工置数功能包括计量用合并单元处于调试状态时可以通过计量用合并单元的人机界面或通信接口，人为设定其输出的各路交流电压或电流采样值的幅值、频率和相位等，方便联调。

9.4　基本性能要求

基本性能应满足附录 A 的规定。

【示例 12-13】

4　数据采集

应包括采集数据类型、采集方式、状态量采集、数据管理和存储。❶

4.1　采集数据类型

终端采集各电能表的实时电能示值、日零点冻结电能示值、抄表日零点冻结电能示值。电能数据保存时应带有时标。

4.2　数据管理和存储

包含存储数据类型和存储要求两部分内容。❷

4.2.1　存储数据类型

终端应能按要求对采集数据进行分类存储，如日冻结数据、抄表日冻结数据、曲线数据、历史月数据等。曲线冻结数据密度由主站设置，最小冻结时间间隔为1h。

4.2.2　存储要求

Ⅰ型终端数据存储容量不应低于 64MByte，Ⅱ型终端数据存储容量不应低于16MByte。

5　工作电源

包含工作电源和额定值及允许偏差的要求。❸

5.1　Ⅰ型终端应使用交流三相四线供电。

Ⅱ型终端应使用交流单相供电。❹

5.2　Ⅰ型终端本体工作电源额定电压：3×220V/380V，允许偏差-20%～+20%。

Ⅱ型终端本体工作电源额定电压：220V/380V，允许偏差-20%～+20%。❹

6　参数设置和查询功能

6.1　时钟召测和对时功能

终端应有计时单元。

6.2　终端参数设置和查询

可通过主站远程或手持设备本地设置和查询。❺

6.2.1　终端档案，如采集点编号等。

6.2.2　终端通信参数。

错误提示❶：第一类悬置段。

错误提示❷：第三类悬置段。

错误提示❸：第二类悬置段。

错误提示❹：无标题条下不应出现段。

错误提示❺：第四类悬置段。

应改为：

4 数据采集

4.1 采集数据类型

终端采集各电能表的实时电能示值、日零点冻结电能示值、抄表日零点冻结电能示值。电能数据保存时应带有时标。

4.2 数据管理和存储

4.2.1 存储数据类型

终端应能按要求对采集数据进行分类存储，如日冻结数据、抄表日冻结数据、曲线数据、历史月数据等。曲线冻结数据密度由主站设置，最小冻结时间间隔为1h。

4.2.2 存储要求

Ⅰ型终端数据存储容量不应低于 64MByte，Ⅱ型终端数据存储容量不应低于16MByte。

5 工作电源

5.1 供电电源

5.1.1 Ⅰ型终端应使用交流三相四线供电，在断一相或两相电压的条件下，交流电源应能维持Ⅰ型终端正常工作和通信。

5.1.2 Ⅱ型终端应使用交流单相供电。

5.2 额定值及允许偏差

5.2.1 Ⅰ型终端本体工作电源额定电压：3×220V/380V，允许偏差－20%～+20%；频率：50Hz，允许偏差－6%～+2%。

5.2.2 Ⅱ型终端本体工作电源额定电压：220V/380V，允许偏差－20%～+20%；频率：50Hz，允许偏差－6%～+2%。

6 参数设置和查询功能

6.1 时钟召测和对时功能

终端应有计时单元，计时单元的日计时误差不应大于±0.5s/d。终端可接收主站或本地手持设备的时钟召测和对时命令。终端应能通过本地信道对系统内电能表进行广播校时。

6.2　终端参数设置和查询

可通过主站远程或手持设备本地设置和查询以下内容：

a）　终端档案，如采集点编号等；

b）　终端通信参数，如主站通信地址（包括主通道和备用通道）、通信协议、IP 地址、振铃次数、通信路由、录入经度和纬度等。

第十三章

列　项

一、编写要求

（1）列项是段中的子层次，用于强调细分的并列各项中的内容。列项应由引语和被引出的并列的各项组成。

（2）列项可以进一步细分为分项，这种细分不应超过两个层次，第一层次为字母编号列项，第二层次为数字编号列项。除字母或数字外，不采用破折号或其他列项符号（除前言中可以使用破折号外）。

（3）列项的字母编号为后带半圆括号（英文模式）的小写英文字母，如 a)、b)等，见示例 13-1。列项的数字编号为后带半圆括号（英文模式）的阿拉伯数字，如 1)、2)等，见示例 13-2。列项编号的右括号与后文之间应空一个中文字符的间隙，回行与本项内容的第一个字对齐。即第一层次列项的各项之前的字母编号均应空两个汉字起排，其后的文字以及文字回行均应置于距版心左边五个汉字的位置。第二层次列项的数字编号均应空四个汉字起排，其后的文字以及文字回行均应置于距版心左边七个汉字的位置。

【示例 13-1】

列项引语： a)　并列项 1； b)　并列项 2； c)　并列项 3。

【示例 13-2】

列项引语：

a)　第一层次并列项 1。

b)　第一层次并列项 2：

　　1)　第二层次并列项 1；

　　2)　第二层次并列项 2；

　　3)　第二层次并列项 3。

c)　第一层次并列项 3。

（4）列项的编写应符合以下要求：

1）列项的引语宜为完整句子，由冒号结尾。

2）只有一层列项时，各并列项除最后一项由句号结束外，其余各并列项一般由分号结尾，见示例 13-1 和示例 13-3，但只要其中有一项为复合句（有分号或句号），则所有并列项均由句号结尾，见示例 13-4。

3）有两层列项时，第一层次的并列项除作为第二层次列项引语的由冒号结束之外，其余并列项均由句号结尾，见示例 13-2 和示例 13-5；第二层次的并列项除最后一项由句号结束之外，其余各项一般由分号结尾，见示例 13-2 和示例 13-6，但只要其中有一项为复合句（有分号或句号），则所有并列项均由句号结尾，见示例 13-5。

【示例 13-3】

下列仪器不需要开关：

a)　正常操作条件下，功耗不超过 10 W 的仪器；

b)　任何故障条件下使用 2 min，测得功耗不超过 50 W 的仪器；

c)　连续运转的仪器。

【示例 13-4】

整合管理系统成文信息应符合如下要求：

a)　内容的符合性。要求符合质量、环境、职业健康安全、能源管理体系标准。

b)　术语的规范性。采用质量、环境、职业健康安全、能源管理体系标准术语，或行业统一的标准，避免出现容易产生歧义误解的术语和不准确的描述。

c)　各级文件一致性。避免出现同一活动多种规定，或出现矛盾的情况。

d） 简要和可操作。必要时应加图示，尤其是作业指导书，应方便员工的理解阅读。

【示例 13-5】

整合管理系统成文信息应符合如下要求：

a） 内容的符合性：
   1） 符合质量、环境、职业健康安全、能源管理体系标准；覆盖所有要求。
   2） 符合法律法规、行业标准的要求；符合企业的实际情况。

b） 避免出现容易产生歧义误解的术语和不准确的描述；避免出现同一活动多种规定，或出现矛盾的情况。

【示例 13-6】

导向要素中图形符号与箭头的位置关系：

a） 当导向信息元素横向排列，并且箭头指：
   1） 左向（含左上、左下），图形符号应位于右侧；
   2） 右向（含右上、右下），图形符号应位于左侧；
   3） 上向或下向，图形符号宜位于右侧。

b） 当导向信息元素纵向排列，并且箭头指：
   1） 下向（含左下、右下），图形符号应位于上方；
   2） 其他方向，图形符号宜位于下方。

（5）一个层次中有两个及以上的并列项时才可设列项，例如，第一层次的列项中，如果没有 b)、c)等，就不应只设 a)；第二层次的列项中，如果没有 2)、3)等，就不应只设 1)。

（6）同一条内只设一个列项，不应有两个及以上的列项。

（7）第一层次的列项和第二层次的列项都不应包含段。列项中可引出的图、表、数学公式，图、表应在最后一个列项结束后按顺序列出，见示例 13-7、示例 13-9 和示例 13-10。列项后可接一个并列段，见示例 13-8 和示例 13-9，注意示例 13-9 表 1 中的额定绝缘电压，符号 U（同行带括号），单位为 V（换行，不带括号）。列项中可包含数学公式，见示例 13-10。示例 13-7～示例 13-10 中，注意第一层次、

第二层次编号及其内容的首字位置，以及公式居中、“式中：”及其内容的位置。

【示例 13-7】

导向要素中图形符号与箭头的位置关系：

a）当导向信息元素横向排列，并且箭头指：
   1）左向（含左上、左下），图形符号应位于右侧，见图 1；
   2）右向（含右上、右下），图形符号应位于左侧，见图 2；
   3）上向或下向，图形符号宜位于右侧，见图 1。

b）当导向信息元素排列与箭头指向的关系：
   1）纵向排列，见表 1；
   2）横向排列，见表 2。

图 1

图 1　××××××

图 2

图 2　×××××××××

表 1　××××××

表 2　××××××

【示例 13-8】

平台采集事件类型应包括：

a） 用户登录类；

b） 操作行为类；

c） 网络链接类；

d） 权限变更类。

a）～d） 类中典型采集项见附录 A 中表 A.1。

【示例 13-9】

绝缘电阻指标满足如下要求：

a） 在试验的标准大气条件下，设备应能承受频率为 50Hz，历时 1min 的工频耐压试验而无击穿闪络及元器件损坏现象；

b） 工频试验电压值按表 1 选择。也可采用直流试验电压，其值为规定的工频试验电压值的 1.4 倍。

试验过程中，任意被试回路施加电压时其余回路等电位互联接地。

表 1　工频试验电压值

额定绝缘电压（U） V	试验电压有效值 V
$U \leqslant 60$	500
$60 < U \leqslant 125$	1000
$125 < U \leqslant 250$	1500
	2500
注：电压为 $125 < U \leqslant 250$ 时，户内场所介质强度选择1500V，户外场所介质强度选择2500V。	

【示例 13-10】

交流工频输入量相关参数检测：

a） 检测交流工频输入量的影响量引起的改变量，应对每一影响量测定其改变量。试验中其他影响量应保持参比条件不变。

b） 输入量频率变化引起的改变量试验：

1） 在参比条件下测定交流工频电量的输出值 E_x；

2） 改变输入量的频率值为参比频率的±10%（45Hz 和 55Hz 两个值），依次测定与 a）项相同点上的输出值 E_{xf}；

3） 计算输入量频率变化引起的改变量 δ_f，改变量按式（1）计算并取最大值，其计算结果应满足表 1 中的规定。

$$\delta_f = \frac{E_{xf} - E_x}{AF} \times 100\% \tag{1}$$

式中：

δ_f ——输入量频率变化引起的改变量；

E_{xf} ——改变输入量的频率值时 RTU 终端显示的交流工频电量的测量值；

E_x ——参比条件下测定交流工频电量的测量量；

AF ——输出基准值。

c） 输入量波形畸变引起的改变量试验：

1） ……；

2） ……。

表 1 ××××××

（8）第一层次列项的各项之前的字母编号均应空两个汉字起排，其后的文字以及文字回行均应置于距版心左边第五个汉字的位置，即回行应与列项编号后的首字对齐。第二层次列项的各项之前的数字编号均应空四个汉字起排，其后的文字以及文字回行均应置于距版心左边第七个汉字的位置，即回行应与列项编号后的首字对齐。列项符号与列项内容之间空一个汉字（2 个英文字符）的间隙。

（9）列项中引语与各并列项的内容中能愿动词和句型语气应协调。如果各并列项中均为“应……”，那么可将“……应符合下述要求：”提取至引语中；各并列项均为“宜……”，可将“……宜符合下述要求：”提取至引语中，依次类推。反之，如果各并列项中有“应……” “宜……”“可……”等不同的能愿动词，那么列项的引语则不能统一表述为“应……”或“宜……”或“可……”等。

（10）引语中已经出现的词语，各并列项中不宜重复出现。例如：引语中已经使用了“应”“不应”“宜”“不宜”“具备”“具有”“支持”“功能”等，并列项中非必要不宜再重复出现。

二、正确示例

【示例 13-11】

5.4.1 配置管理功能验证

网管系统的配置管理功能验证内容如下：

a) 网元的拓扑管理应提供网络资源拓扑视图，且拓扑视图应能够动态、实时显示被管网元的运行状态和状况，反映告警事件。

b) 配置管理应支持以下功能的实现：

   1) 视图管理：网管系统提供设备拓扑视图，可显示设备参数配置视图；

   2) 创建网元：网管系统在安装完成后并没有当前网络中的网元数据，应能提供网元的创建功能；

   3) 删除网元。

c) 用户可以方便地查看或配置设备的各种运行数据。

d) 提供对同步设备配置信息实现的采集、查询、修改、同步、统计等功能：

   1) 可通过配置管理功能动态管理网络设备，并对数据进行更新，保持系统与网络的数据一致性；

   2) 同步设备配置属性包括设备名称、设备类型、IP 地址、通信端口号、用户名和密码。

e) 网管应支持对设备 SSM 功能、定时输入信号优先级等的配置功能。

5.4.2 安全管理功能验证

网管系统的安全管理功能验证内容如下：

a) 至少应能区分三级口令，并执行如下相应口令级别内允许的功能：

   1) 一级（低级）可读取数据；

   2) 二级（中级）可设置和修改设备中的参数或工作状态；

   3) 三级（高级）可设置和修改用户、口令。

b) 高级口令应具有低级口令的全部功能：

1) 网管系统支持将数据库中的数据以库文件的方式备份到硬盘或其他存储设备上，支持多机备份策略；

2) 系统支持的备份策略还包括自动和手工备份等。

c) 客户端可以选择需要恢复的数据，向备份服务器发送恢复请求，备份服务器完成响应，通过查询备份目录达到识别文件存储的设备和卷，然后自动完成恢复。

【示例 13-12】

在距离 600mm 处用 100W 手持灯以正常视力观察，搪玻璃表面应色泽均匀，并且不应有以下缺陷：

a) 裂纹、局部剥落等；

b) 明显的擦伤、暗泡、粉瘤等；

c) 妨碍使用的烧成托架痕迹，以及修理和修补痕迹；

d) 每平方米超过 3 处，每处面积大于 $4mm^2$，且相互间距小于 100mm 的杂粒。

三、错误示例及分析

【示例 13-13】

5.4.3 配置管理功能验证

网管系统的配置管理功能验证内容如下❶

a) 网元的拓扑管理应提供网络资源拓扑视图。拓扑视图应能够动态、实时显示被管网元的运行状态和状况，反映告警事件；❷

b) 配置管理应支持以下功能的实现：

2) ❸网元视图管理：网管系统提供设备拓扑视图，可显示设备参数配置视图。❹

3) ❸创建网元：网管系统在安装完成后并没有当前网络中的网元数据，应能提供网元的创建功能；

4) ❸删除网元。

c) 以方便地查看或配置设备的各种运行数据；❷

用户可通过配置管理功能动态管理网络设备，并对数据进行更新，保持系统与网络的数据一致性。❺

d) 提供对同步设备配置信息实现的采集、查询、修改、同步、统计等功能。

配置属性及网管应支持的功能：❻

a) 备配置属性包括设备名称、设备类型、IP 地址、通信端口号、用户名和密码。

b) 网管应支持对设备 SSM 功能、定时输入信号优先级等的配置功能。❻

5.4.4 安全管理功能验证

网管系统的安全管理功能验证内容如下：

a) 至少应能区分三级口令，并执行如下相应口令级别内允许的功能：

  1) 一级（低级）：可读取数据；

  2) 二级（中级）：可设置和修改设备中的参数或工作状态；

  3) 三级（高级）：可设置和修改用户、口令。

b) 高级口令应具有低级口令的全部功能：

  1) 网管系统应支持将数据库中的数据以库文件的方式备份到硬盘或其他存储设备❼上，支持多机备份策略；

  2) 系统支持的备份策略还包括自动和手工备份等。

c) 客户端可以选择需要恢复的数据，向备份服务器发送恢复请求，备份服务器完成响应，通过查询备份目录达到识别文件存储的设备和卷，然后自动完成恢复。

错误提示❶：第一层次列项的引语表述不规范。

错误提示❷：此例第一层次列项中 a) 项由复合句组成，除作为第二层次列项的引语"："结尾外，第一层次列项的其他各项不应用"；"结尾，而应"。"结尾。

错误提示❸：第二层次的列项未以 1) 开头按顺序编号。

错误提示❹：第二层次的列项，除最后一个列项外，其他的列项未用"；"结尾。

错误提示❺：列项内不应出现段。

错误提示❻：同一条内，不应有两个或以上并列的同一层次列项。

错误提示❼：列项回行未与列项编号后的首字对齐。

应改为：见示例 13-11。

【示例 13-14】

5.4.3 配置管理功能验证❶

a) 网元的拓扑管理应提供网络资源拓扑视图。拓扑视图应能够动态、实时

显示被管网元的运行状态和状况，反映告警事件；❷

b）配置管理功能❸

1）视图管理：❹

网管系统提供设备拓扑视图，可以显示设备参数配置视图；

2）创建网元：❹

网管系统在安装完成后并没有当前网络中的网元数据，应能提供网元的创建功能；

3）删除网元。

错误提示❶：第一层次列项缺少引语。

错误提示❷：此例有两层列项，第一层次列项中除作为第二层次列项的引语项目外，第一层次列项的其他各项应以"。"结尾。

错误提示❸：作为第二层次列项引语的第一层次列项项目，应以"："结尾。

错误提示❹：列项的每一项应为一段，列项内不应出现段。

可改为（第一种）：

5.4.3　配置管理功能验证

网管系统的配置管理功能验证内容如下：

a）网元的拓扑管理应提供网络资源拓扑视图。拓扑视图应能够动态、实时显示被管网元的运行状态和状况，反映告警事件。

b）配置管理应支持以下功能的实现：

1）视图管理：网管系统提供设备拓扑视图，可以显示设备参数配置视图；

2）创建网元：网管系统在安装完成后并没有当前网络中的网元数据，应能提供网元的创建功能；

3）删除网元。

可改为（第二种）：前提条件是5.4下的各条5.4.X是否都可以改为无标题条。

5.4.3　网管系统的配置管理功能验证内容如下：

a）网元的拓扑管理应提供网络资源拓扑视图。拓扑视图应能够动态、实时显示被管网元的运行状态和状况，反映告警事件。

b）配置管理应支持以下功能的实现：

1）视图管理：网管系统提供设备拓扑视图，可以显示设备参数配置视图；

2）创建网元：网管系统在安装完成后并没有当前网络中的网元数据，应能提供网元的创建功能；

3）删除网元。

【示例 13-15】

节点时钟的设置应符合基本要求如下：

a）一级网络节点；❶

应在省际传输网与省级传输网的重要交汇节点上设置 1 级基准时钟。

b）二级网络节点。❶

应在省际、省级传输网中心节点上设置 2 级基准时钟。

错误提示❶：列项下不能包含段。

应改为：

节点时钟的设置应符合基本要求如下：

a）一级网络节点应在省际传输网与省级传输网的重要交汇节点上设置 1 级基准时钟；

b）二级网络节点应在省际、省级传输网中心节点上设置 2 级基准时钟。

【示例 13-16】

5.4.3 贮存❶

a）必要时应规定贮存要求。特别是对有毒、易腐、易燃、易爆等类产品应规定各种相应的特殊要求；❷

b）贮存要求的内容包括：❷

1）贮存场所，指库存、露天、遮篷等；

2）贮存条件，指明温度、湿度、通风、有害条件的影响等。

错误提示❶：第一层次列项缺少引语。

错误提示❷：第一层次列项的各子项不是并列关系，不符合列项要求。

可改为（第一种改法）：

5.4.3 贮存

5.4.3.1 必要时应规定贮存要求。特别是对有毒、易腐、易燃、易爆等类产品应规定各种相应的特殊要求。

5.4.3.2 贮存要求的内容包括贮存场所，指库存、露天、遮篷等；贮存条件，指明温度、湿度、通风、有害条件的影响等。

可改为（第二种改法）：

5.4.3 贮存

必要时应规定贮存要求。特别是对有毒、易腐、易燃、易爆等类产品应规定各种相应的特殊要求。贮存要求的内容包括：

a) 贮存场所，指库存、露天、遮篷等；

b) 贮存条件，指明温度、湿度、通风、有害条件的影响等。

【示例 13-17】

4.2.1 引用其他文件中的段或列项中无编号的项，使用下列表述方式：

a) 可“按 GB/T ×××××—2005，3.1 中第二段的规定”的方式；❶

b) 可“按 GB/T ×××××—2003，4.2 中列项的第二项规定”的方式；❶

c) 可“按 GB/T ×××××.1—2006，5.2 中第二个列项的第三项规定”的方式。❶

错误提示❶：分列各项中均为“可……”时，未将“……可……”提取至引语中。

应改为：

4.2.1 引用其他文件中的段或列项中无编号的项，可使用下列表述方式：

a) “按 GB/T ×××××—2005，3.1 中第二段的规定”；

b) “按 GB/T ×××××—2003，4.2 中列项的第二项规定”；

c) “按 GB/T ×××××.1—2006，5.2 中第二个列项的第三项规定”。

【示例 13-18】

4.2.1 图形标志与箭头的位置关系应遵守以下规则：❶

a）图形标志与箭头采用横向排列：

1）箭头指左向（含左上、左下）时，图形标志应位于右侧；❶

2）箭头指右向（含右上、右下）时，图形标志应位于左侧；❶

3）箭头指向上或向下时，图形标志宜位于右侧。❶

b）图形标志与箭头采用纵向排列：

1）箭头指下向（含左下、右下）时，图形标志应位于上方；❶

2）其他情况，图形标志宜位于下方。❶

错误提示❶：分列各项中有“应……”“宜……”或者“可……”等不同的要求，列项的引语则不能统一提取表述为“应……”或“宜……”等。

应改为：

4.2.1 图形标志与箭头的位置关系遵守以下规则：

a）图形标志与箭头采用横向排列：

1）箭头指左向（含左上、左下）时，图形标志应位于右侧；

2）箭头指右向（含右上、右下）时，图形标志应位于左侧；

3）箭头指向上或向下时，图形标志宜位于右侧。

b）图形标志与箭头采用纵向排列：

1）箭头指下向（含左下、右下）时，图形标志应位于上方；

2）其他情况，图形标志宜位于下方。

【示例 13-19】

5.1 性能指标

5.1.1 交流电流输出 ❶

a）应提供 1A、5A、10A（选配）交流电流量程；

b）带负载能力，单相不应小于 10VA；

c）稳定度不应大于 0.01%/2min；

d）总谐波畸变率不应大于 0.1%。

5.1.2 交流电压输出 ❶

a）应提供 57.735V、100V 和 220V 交流电压量程；

b）　带负载能力，单相不应小于 10VA；

c）　稳定度不应大于 0.01%/2min；

d）　总谐波畸变率不应大于 0.1%。

错误提示❶：缺少引语。

可改为（第一种方法）：

5.1　性能指标

5.1.1　交流电流输出

交流电流输出应满足以下要求：

a）　应提供 1A、5A、10A（选配）交流电流量程；

b）　带负载能力，单相不应小于 10VA；

c）　稳定度不应大于 0.01%/2min；

d）　总谐波畸变率不应大于 0.1%。

5.1.2　交流电压输出

交流电压输出应满足以下要求：

a）　应提供 57.735V、100V 和 220V 交流电压量程；

b）　带负载能力，单相不应小于 10VA；

c）　稳定度不应大于 0.01%/2min；

d）　总谐波畸变率不应大于 0.1%。

也可改为（第二种方法）：

5.1　性能指标

5.1.1　交流电流输出应满足以下要求：

a）　应提供 1A、5A、10A（选配）交流电流量程；

b）　带负载能力，单相不应小于 10VA；

c）　稳定度不应大于 0.01%/2min；

d）　总谐波畸变率不应大于 0.1%。

5.1.2　交流电压输出应满足以下要求：

a）　应提供 57.735V、100V 和 220V 交流电压量程；

b）　带负载能力，单相不应小于 10VA；

c）稳定度不应大于 0.01%/2min；

d）总谐波畸变率不应大于 0.1%。

【示例 13-20】

8.2.2.3 实负荷试验程序

实负荷试验按如下程序进行：

a）除定期试验检测外，实负荷被试样品应在实际负荷工况典型环境及电气参量中连续试验，实负荷工况典型环境条件按本文件第 5 章中的规定，电气参量要求符合表 3❶；

表 3 实负荷试验电气参量要求❶

电气参量	工况要求
平均电压	平均电压为 U_{nom}（或 U_n），电压波动范围（0.93～1.07）U_{nom}（或 U_n）
平均电流	实负荷工况连续运行时间内平均电流≥$10I_{tr}$（或 I_b），且（0.8～1.0）I_{max} 工况运行时间不少于总运行时间的 2%

b）被试样品试验运行期间，每日应对自然环境参量、电气参量进行监测记录；

c）被试样品应定期采用现场检测或取回实验室检测的方式，对被试样品的外观、工作误差等性能情况进行检测，记录检测结果，检测试验项目按表 4❶所列试验项目开展，检测试验周期依据试验需求而定，最长不超过 30 天。被试样品取回实验室检测时间不计入被试样品总试验时间内。

表 4 测试项目及判定依据❶

序号	试验项目	测试周期	判定依据	数据格式	电能表类型
1	外观检查	1 次/周期	液晶正常、无漏液，指示灯正常工作等	—	单/三相电能表
2	工作误差	37 次/周期	误差不应超过电能表最大允许误差	小数点后保留四位有效数字	单/三相电能表
3	起动试验	1 次/周期	在起动电流条件下，电能表应能起动并连续记录	—	单/三相电能表

错误提示❶：列项间不应插入图、表等内容。

应改为：

8.2.2.3　实负荷试验程序

实负荷试验按如下程序进行：

a）除定期试验检测外，实负荷被试样品应在实际负荷工况典型环境及电气参量中连续试验，实负荷工况典型环境条件按本文件第 5 章中的规定，电气参量要求符合表 3；

b）被试样品试验运行期间，每日应对自然环境参量、电气参量进行监测记录；

c）被试样品应定期采用现场检测或取回实验室检测的方式，对被试样品的外观、工作误差等性能情况进行检测，记录检测结果，检测试验项目按表 4 所列试验项目开展，检测试验周期依据试验需求而定，最长不超过 30 天。被试样品取回实验室检测时间不计入被试样品总试验时间内。

表 3　实负荷试验电气参量要求

电气参量	工况要求
平均电压	平均电压为U_{nom}（或U_n），电压波动范围（0.93～1.07）U_{nom}（或U_n）
平均电流	实负荷工况连续运行时间内平均电流≥10I_{tr}（或I_b），且（0.8～1.0）I_{max}工况运行时间不少于总运行时间的 2%

表 4　测试项目及判定依据

序号	试验项目	测试周期	判定依据	数据格式	电能表类型
1	外观检查	1 次/周期	液晶正常、无漏液，指示灯正常工作等	—	单/三相电能表
2	工作误差	37 次/周期	误差不应超过电能表最大允许误差	小数点后保留四位有效数字	单/三相电能表
3	起动试验	1 次/周期	在起动电流条件下，电能表应能起动并连续记录	—	单/三相电能表

第十四章

图

一、编写要求

（1）图是标准内容的图形化表述形式。当用图呈现比使用文字更便于对相关内容的理解时，宜使用图。一般采用线图，图中的数字和文字为六号宋体，底色应采用无色，图形内部线条、文字、内容等应采用黑色，图形、文字应清晰。如果图不可能使用线图来表示，可使用图片和其他媒介。

（2）在将标准内容图形化之处应通过使用适当的能愿动词或句型（见第二十章第一条和附录 A）指明该图所表示的条款类型，并同时提及该图的图编号。例如，规范性提及可写作“应按照图 X”“应符合图 X”“应与图 X 相符”，见示例 14-1，资料性提及可写作“见图 X”“参见图 X”“如图 X 所示”“宜按照图 X”，见示例 14-2。

【示例 14-1】

工作流服务应遵循 DL/T 1170，应支持工作流的启动和流转控制，工作流服务整体结构应符合图 1。

[除图在页面顶端的情况外，图前应空一行]

图 1　工作流服务整体结构

【示例 14-2】

模拟式交流采样标准检验装置的输出电压和输出电流接到被测装置的电压和电流输入回路上，见图 B.1。

[除图在页面顶端的情况外，图前应空一行]

图 B.1　模拟式量测量检测拓扑图

（3）标准中各类图形的绘制应遵守相应的规则。以下列出了有关的国家标准：

1）机械工程制图：GB/T 1182、GB/T 4458.1、GB/T 4458.6、GB/T 14691（所有部分）、GB/T 17450、ISO 128-30、ISO 128-40、ISO 129（所有部分）。

2）电路图和接线图：GB/T 5094（所有部分）、GB/T 6988.1、GB/T 16679。

3）流程图：GB/T 1526。

（4）每幅图均应有编号。正文中的图编号由“图”和从 1 开始的阿拉伯数字组成，例如“图 1”“图 2”等。只有一幅图时，仍应给出编号“图 1”。图编号从第 3 章“术语和定义”开始一直连续到附录之前，并与章、条和表编号无关。标准中每个附录的图编号均应重新从 1 开始，应在阿拉伯数字编号之前加上表明附录顺序的大写英文字母，字母后跟下脚点，例如附录 A 中的图用“图 A.1”“图 A.2”……表示。

（5）每幅图均应有图题。

（6）当某幅图需要转页接排，随后接排该图的各页上应重复图编号、“（续）”或“（第#页/共*页）”，其中#为该图当前的页面序数，*是该图所占页面的总数，均使用阿拉伯数字，见示例 14-3、示例 14-4。续图均应重复“关于单位的陈述”（如有）。

【示例 14-3】

单位为××

图 1（续）

【示例 14-4】

单位为××

图 3（第 2 页/共 3 页）

（7）图中用于表示角度量或线性量的字母符号应符合 GB/T 3102.1 的规定，例如，角度符号采用α、β、γ，宽度采用 b，高度采用 h。必要时，使用下标以区分特定符号的不同用途。图中表示各种长度时使用符号系列 l_1、l_2、l_3等，而不使用诸如 A、B、C 或 a、b、c 等符号。如果图中所有量的单位均相同，应在图的右上方用一句适当的关于单位的陈述（例如“单位为毫米”）表示。

（8）在图中应使用标引序号或图脚注代替文字描述，文字描述的内容在标引序号说明或图脚注中给出，见示例 14-5。

【示例 14-5】

单位为毫米

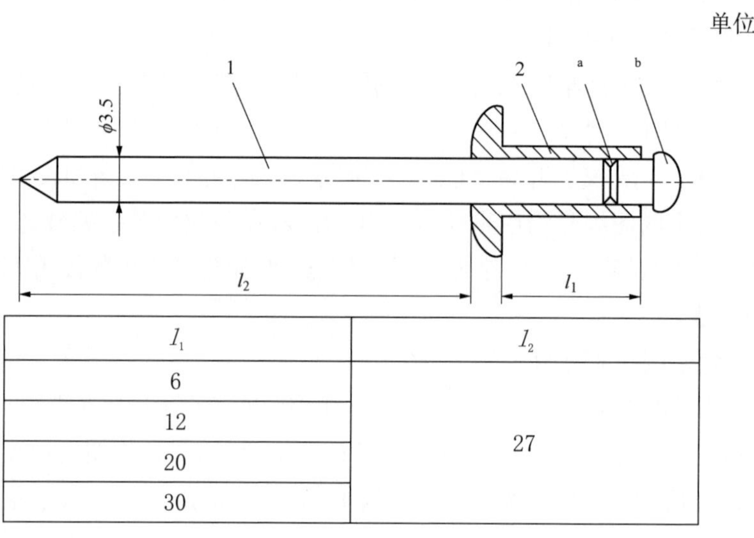

l_1	l_2
6	27
12	
20	
30	

标引序号说明：
1——钉芯；
2——钉体。
钉芯的设计应保证：安装时，钉体变形、胀粗，之后钉芯抽断。
注：此图所示为开口型平圆头抽芯铆钉。
[a] 断裂槽应滚压成型。
[b] 钉芯头的形状和尺寸由制造者确定。

图 2　抽芯铆钉

在曲线图中，坐标轴上的标记不应以标引序号代替，以避免标引序号的数字与坐标轴上数值的数字相混淆。曲线图中的曲线、线条等的标记应以标引序号代替。

在流程图和组织系统图中，允许使用文字描述，见示例 14-6。

【示例 14-6】

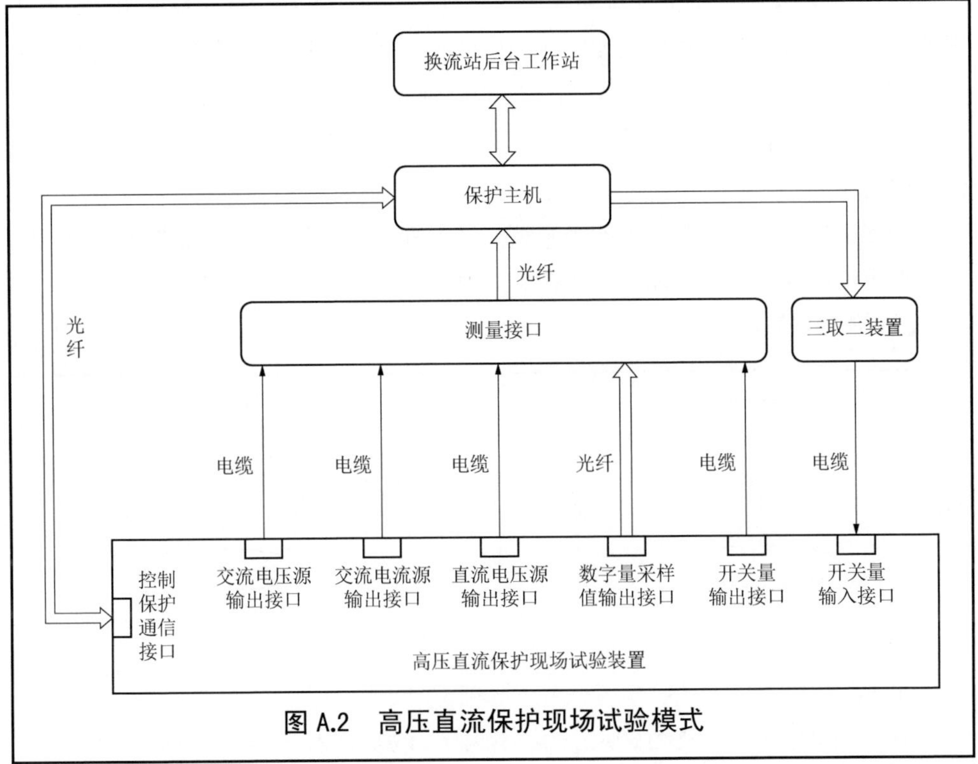

图 A.2　高压直流保护现场试验模式

（9）图注属于附加信息，只给出有助于理解或使用图的说明，不应包含要求或指示型条款，也不应包含推荐或允许型条款，图中的段可包含要求。图注应置于图题和图脚注（如有）之上。只有一个注时，在注的第一行内容之前应标明“注：”；有多个注时，应标明注编号，图中注编号均从“注 1：”开始，即“注 1：”“注 2：”等，见示例 14-7。图注应另行空两个汉字起排，文字回行时应与注的文字内容位置左对齐。

（10）图脚注应置于图题之上，并紧跟图中的注。图表脚注的编号应使用从“a”开始的上标形式的小写英文字母，即 ^{a}、^{b}、^{c}等。在图中需注释的位置应插入与图脚注编号相同的上标形式的小写英文字母标明脚注。每个图或表中的脚注应单独编号，见示例 14-7。

图表脚注除给出附加信息，还可包含要求型条款。因此，编写脚注相关内容时，应使用适当的能愿动词或句型，以明确区分不同的条款类型。

图脚注应另行空两个汉字起排，其后的文字以及文字回行均应置于距版心左边四个汉字的位置。

（11）分图会使标准的编排和管理变得复杂，只要可能，宜避免使用。只有当图的表示或内容的理解特别需要时（例如各个分图共用诸如“图题”“标引序号说明”“段”等内容），才可使用分图。只准许对图做一个层次的细分。如果每个分图中都包含了各自的标引序号说明、图中的注或图脚注，那么应将每个分图调整为单独的图。

分图应使用后带半圆括号的小写英文字母编号，例如图 1 可包含分图 a)、b) 等，不应使用其他形式的编号，例如 1.1、1.2…，1-1、1-2…，见示例 14-7。

【示例 14-7】

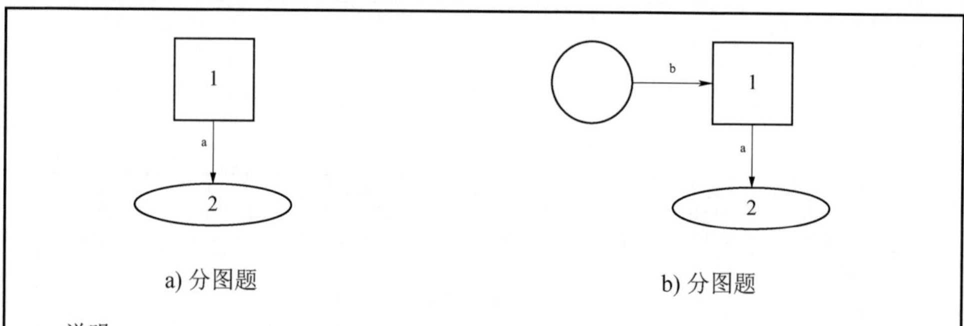

a) 分图题　　　　b) 分图题

说明：

1——图中符号、序号等的说明。*［多处需说明时，破折号应对齐，除最后一处说明以“。”结束，其余应以“；”结束。］*

2——图中符号、序号等的说明。

段的内容。*［可包含要求，可存在多个段，缩进 2 个汉字起排，回行顶格编排。］*

注 1：图注的内容。*［图注不应包含要求。图中的注应另行空两个汉字起排，文字回行时应与注的内容的文字位置左对齐。］*

注 2：图注的内容。

[a] 图脚注的内容。*［图脚注可包含要求。图脚注应另行空两个汉字起排，其后的文字以及文字回行均应置于距版心左边四个汉字的位置。］*

[b] 图脚注的内容。

图 X　图题

（12）图编号之后应空一个汉字的间隙接排图题。图编号和图题应置于图之下居中位置；图编号和图题的上下应各空半行。分图的编号与分图题的编排也遵循此要求。

不包含分图时，图编号行与图应在同一页内；包含分图时，分图编号行应与分图在同一页内，总图题行不应单独在一页内，至少要与分图在同一页。

（13）每幅图宜排在提及该图的条文附近，图前应空一行，图在页面顶端时无须空行。

（14）如果提及图的条文所在页排不下该图，而将该图排至下一页时，不应在提及图的条文所在页留有空行，应将图下的条文上移填充空行。

（15）当某一条款下连续提及多个图时，宜集中编排条款内容之后再连续编排多个图，见示例14-8。多个单独编号的图不应并排给出。包含分图时，多个分图可并排给出。

【示例14-8】

A.1　机柜类标识标签

机柜号标识标签见图A.1;设备卡标识标签见图A.2;配线架标识标签见图A.3。

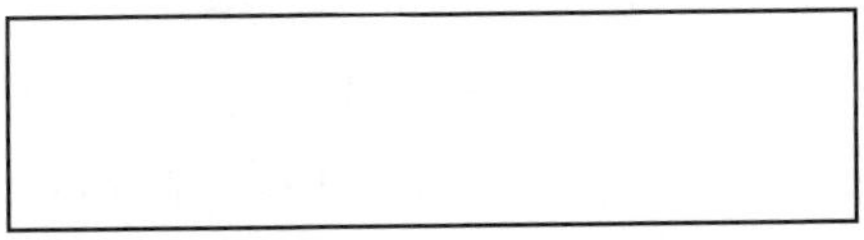

图A.1　机柜号标签

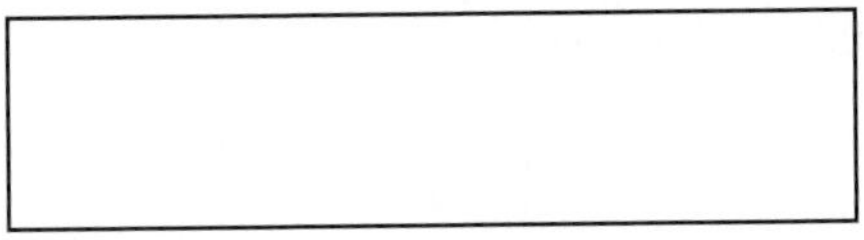

图A.2　设备卡标签

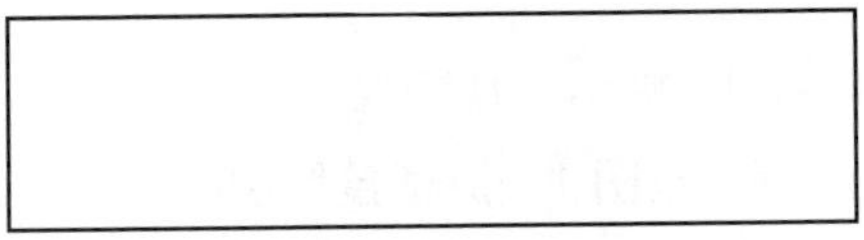

图A.3　配线架标签

二、正确示例

【示例 14-9】

原理接线图应符合图 1 的要求。

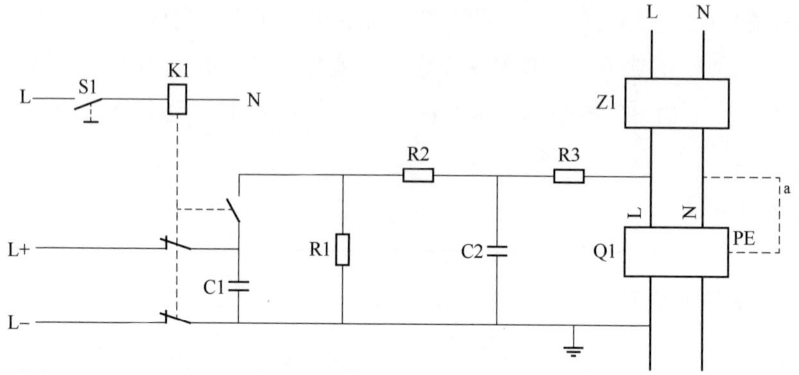

元件：

C1——电容器 C=0.5μF；

C2——电容器 C=0.5nF；

K1——继电器；

Q1——测试的 RCCB（具有终端 L、N 和 PE）；

R1——电感器 L=0.5μH；

R2——电阻器 R=2.5Ω；

R3——电阻器 R=25Ω；

S1——手控开关；

Z1——滤波器。

引线和电源：

L，N ——无极电源电压；

L+，L-——测试电路的直流电源。

[a] 如果被测试的对象具有 PE 端子，则需引线。

图 1　原理接线图

三、错误示例及分析

【示例 14-10】

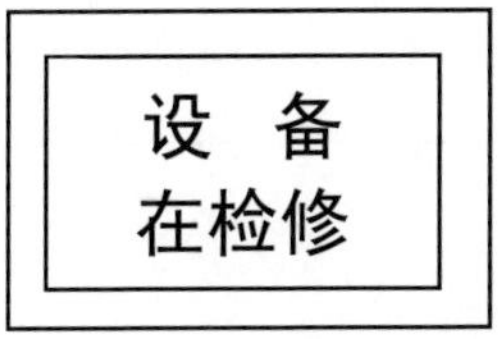

设 备
在检修

图 33 检修类标志牌❶

已接地

图 34 接地类标志牌❶

错误提示❶：多个单独编号的图并排给出（包含分图时，多个分图才可并排给出）。

应改为：（图中标志牌为实物图片，不要求符合标准中字体和字号规定。）

设 备
在检修

图 33 检修类标志牌

已接地

图 34 接地类标志牌

【示例 14-11】

检测系统架构如下图❶：❷

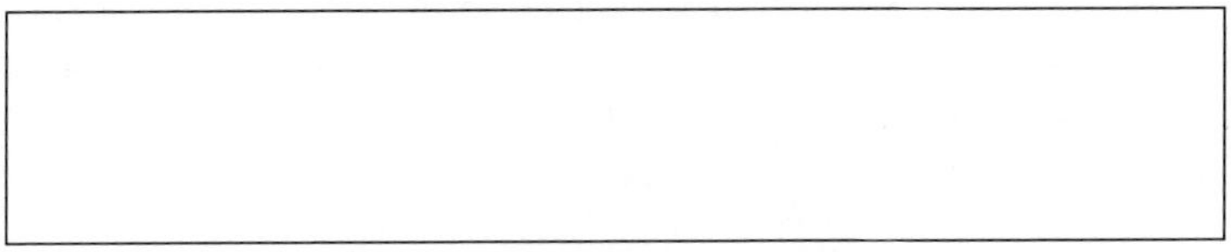

图 5-1 ❸❹基本测试连接图❺

错误提示❶：图应以编号的形式被提及，不应以“下图”“：”等有歧义的方式提及，段结尾应为“。”。

错误提示❷：图前未空一行。

错误提示❸：图的编号未采用与章条无关的方式。

错误提示❹：图编号与图题间未空一个汉字的间隙。

错误提示❺：图的编号和图题未居中编排。

应改为：

检测系统架构见图 5。

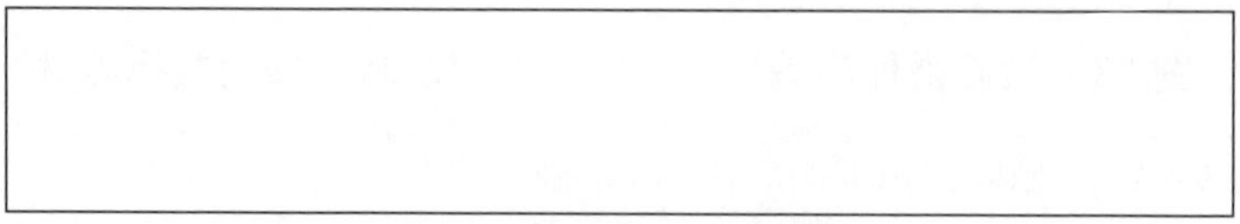

图 5　基本测试连接图

【示例 14-12】

6.5.1.2　应用功能图布局见图 8。

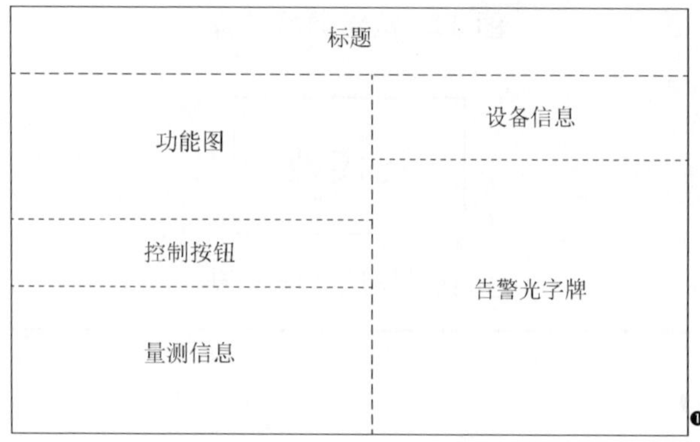

~~（跨页处）~~

图 8：❷应用功能图布局示意图

错误提示❶：图与图编号、图题未编排在同一页内。

错误提示❷：图编号与图题不应采用“：”分隔，且与图题间未空一个汉字的间隙。

应改为：

6.5.1.2　应用功能图布局见图 8。

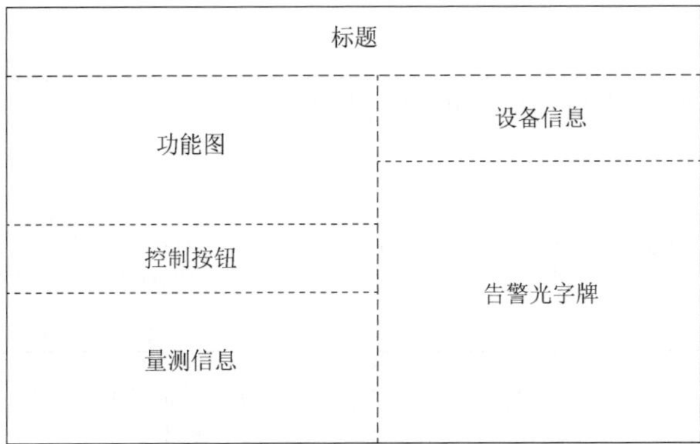

图 8　应用功能图布局示意图

【示例 14-13】

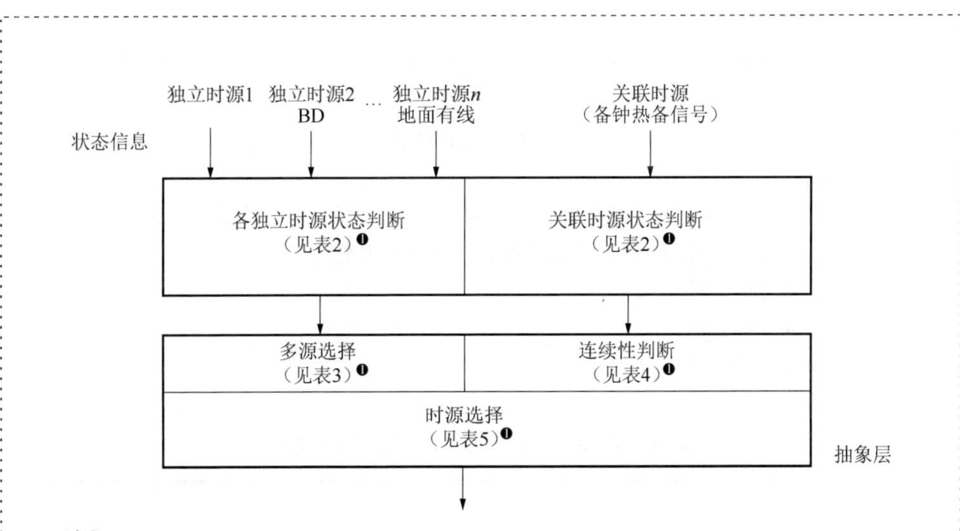

注❷

1：独立时源为时间参考或传递体系不同的时源，例如，GPS 输入相对于 BD 输入，互为独立时源。

2：关联时源为时间参考或传递体系相同的时源，例如，备钟热备信号输入相对 BD 输入，当备钟❸选择 BD 时，它的参考和传递体系也来自 BD。

图 1❹❺

错误提示❶：对图形的局部提出要求，应采用脚注的形式。

错误提示❷：多条注未按“注 1：”“注 2：”的格式编写，应为黑体小五号，图中字体应为六号。

错误提示❸：回行时与注的内容的文字位置应左对齐。

错误提示❹：图在条文中应提及。

错误提示❺：图应有图题。

应改为：

时钟装置多源选择与选择流程参见图 1。

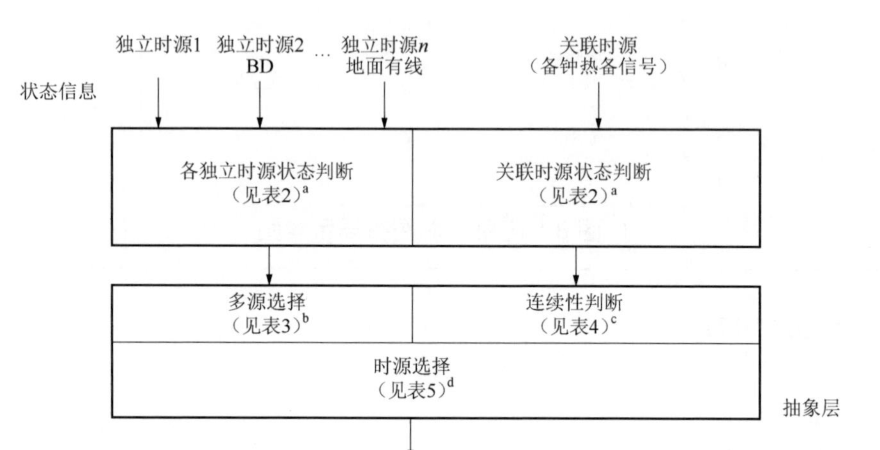

注 1：独立时源为时间参考或传递体系不同的时源。例如，GPS 输入相对于 BD 输入，互为独立时源。

注 2：关联时源为时间参考或传递体系相同的时源。例如，备钟热备信号输入相对 BD 输入，当备钟选择 BD 时，它的参考和传递体系也来自 BD。

[a] 应符合表 2 的要求。

[b] 应符合表 3 的要求。

[c] 应符合表 4 的要求。

[d] 应符合表 5 的要求。

图 1　时钟装置多源选择与选择流程

第十五章

表

一、编写要求

（1）表是标准内容的表格化表述形式。当用表呈现比使用文字更便于对相关内容的理解时，宜使用表。通常表的表述形式越简单越好，创建几个表格好于将太多内容整合成为一个表格。应采用绘制形式的表，表中的数字和文字均为小五号宋体，底色应采用无色，表格内部线条、文字、内容等应采用黑色。

（2）在将标准内容表格化之处应通过使用适当的能愿动词或句型（见第二十章第一条和附录 A），指明该表所表示的条款类型，并同时提及该表的表编号。例如，规范性提及可写作“应按照表 X”“应符合表 X”，见示例 15-1，资料性提及可写作“见表 X”“参见表 X”“宜按照表 X”，见示例 15-2。

【示例 15-1】

标准检验装置和被检测量装置的等级指数应按照表 C.9 的要求。

表 C.9　标准检验装置准确度等级要求

被检测量装置的等级指数	0.2	0.5	1.0
标准检验装置的等级指数	0.05	0.1	0.2

【示例 15-2】

交流工频模拟量标称值见表 1。

表 1　交流工频模拟量标称值

电流 A	电压 V	频率 Hz
1	30	50
5	20	50

（3）每个表均应有编号。表编号由“表”和从 1 开始的阿拉伯数字组成，例如“表 1”“表 2”等。只有一个表时，仍应给出编号“表 1”。表编号从第 1 章“范围”开始一直连续到附录之前，并与章、条和图的编号无关。每个附录中的表均应重新从 1 开始，应在阿拉伯数字编号之前加上表明附录顺序的大写英文字母，字母后跟下脚点。例如附录 A 中的表用“表 A.1”“表 A.2”……表示。

（4）每个表应有表题。表编号之后应空一个汉字的间隙接排表题。表编号和表题应置于表之上居中位置。表编号和表题的上下应各空半行。

（5）不准许将表再细分为分表（例如将“表 2”分为“表 2a”和“表 2b”），也不准许表中套表或表中含有带表头的子表。

（6）当某个表需要转页接排，随后接排该表的各页上应重复表编号、后接“（续）”或“（第#页/共*页）”，其中#为该表当前的页面序数，*是该表所占页面的总数，均使用阿拉伯数字，见示例 15-3 和示例 15-4。续表均应重复表头和表框线之外的“关于单位的陈述”（如有），见示例 15-4。

【示例 15-3】

历史告警查询 POST 请求相关的 XML Schema 参数定义见表 11。

表 11　请求的 XML Schema 参数定义

参数名称	选项	参数类型	参　数　描　述
EventType	必选	String	Request_History_Alarm
Code	必选	String	查询告警地址编码，可以是视频监控系统、站端、前端设备、视频通道或开关量输入告警的地址编码
UserCode	必选	String	用户地址编码

（跨页处）

表 11（续）

参数名称	选项	参数类型	参 数 描 述
Type	必选	INT32	告警类型：见订阅行
BeginTime	必选	String	开始时间，格式如 1990-01-01T00 00：00Z
EndTime	必选	String	结束时间，格式如 1990-01-01T00：00：00ZZ

【示例 15-4】

表 3 （第 2 页/共 3 页）

单位为毫米

尺寸	类 型		
	A	B	C

（7）每个表应有表头。表头通常位于表的上方，特殊情况下出于表述的需要，也可位于表的左侧边栏。表中各栏/行使用的单位不完全相同时，应将单位符号置于相应的表头中量的名称之下，见示例 15-5。

适用时，表头中可用量和单位的符号表示，见示例 15-6 和示例 15-7。需要时，可在指明表的条文中或在表中的注中对相应的符号予以解释。

【示例 15-5】

类型	线密度 kg/m	内圆直径 mm	外圆直径 mm

【示例 15-6】

类型	ρ_1/（kg・m^{-1}）	d/mm	D/mm

【示例 15-7】

类型	$\frac{\rho_1}{\text{kg/m}}$	$\frac{d}{\text{mm}}$	$\frac{D}{\text{mm}}$

如果表中所有量的单位均相同，应在表的右上方用一句适当的关于单位的陈述（例如“单位为毫米”）代替各栏中的单位符号，宜与表格右边框线对齐，见示例 15-8。

【示例 15-8】

单位为毫米

类型	长度	内圆直径	外圆直径

（8）表头中不允许使用斜线。错误示例 15-9 的表头应改为示例 15-10 的样式。

【示例 15-9】

错误示例：

类型 尺寸	A	B	C

【示例 15-10】

尺寸	类　　型		
	A	B	C

（9）表注属于附加信息，它只给出有助于理解或使用表的说明，宜表述为对

事实的陈述，不应包含要求或指示型条款，也不应包含推荐或允许型条款。表注应置于表内下方，表脚注之上。

表中只有一个注时，应在注的第一行文字前标明“注：”。同一张表中有多个注时，应标明“注 1：”“注 2：”“注 3：”等，见示例 15-11。“注：”或“注 X：”应另行空两个汉字起排，文字回行时应与注的内容的文字位置左对齐。

【示例 15-11】

表 X　×××

×××	×××	×××	×××[b]
×××	×××	×××[a]	×××
×××	×××	×××	×××

段 *[可包含要求]*

　注 1：表注的内容。*[不包含要求]*

　注 2：表注的内容。*[不包含要求]*

[a] 表的脚注的内容。*[可包含要求]*

[b] 表的脚注的内容。*[可包含要求]*

（10）表脚注应置于表内的最下方，在表中的注的下一行。表脚注的编号应使用从“a”开始的上标形式的小写英文字母，即 [a]、[b]、[c] 等。在表中需注释的位置应插入与表脚注编号相同的上标形式的小写英文字母标明脚注，见示例 15-12。每个表中的脚注应单独编号。表脚注的编号应另行空两个汉字起排，其后的文字以及文字回行均应置于距表的左框线四个汉字的位置。

表脚注除给出附加信息外，还可包含要求型条款。因此，编写脚注相关内容时，应使用适当的能愿动词或句型，以明确区分不同的条款类型。

【示例 15-12】

表 X　×××

×××	×××	×××	×××[b]
×××	×××	×××[a]	×××
×××	×××	×××	×××

[a] 表的脚注的内容。*[可包含要求]*

[b] 表的脚注的内容。*[可包含要求]*

（11）表的四周应有边框线。表的外框线、表头的框线、表中的说明段和（或）表注、表脚注所在的框线均应为粗实线。粗实线宜为 1 磅，其余线条细实线宜为 0.5 磅。

（12）除非特殊需要，表中的段应空一个汉字起排，回行时顶格编排，段后不必加标点符号。表中的内容为数字时，数字宜居中编排，同列的数字应上下个位对齐或小数点对齐；数字间有浪纹线形式的连接号（～）时，应上下符号对齐。

（13）表中相邻数字或文字内容相同时，不应使用“同上”“同左”等字样，而应以通栏表示，也可写上具体数字或文字。表的单元格中不应有空格，如果某个单元格没有任何内容，应使用一字线形式的连接号表示，见示例 15-13，供使用者填写信息的数据格除外，见示例 15-14。

【示例 15-13】

表 1　继电保护装置及二次回路 A、B、C 类检修项目

<table>
<tr><th>序号</th><th>检修项目</th><th>A 类检修</th><th>B 类检修</th><th>C 类检修</th></tr>
<tr><td>1</td><td>外观检查</td><td>▲</td><td>▲</td><td>▲</td></tr>
<tr><td>2</td><td>回路检验</td><td>▲</td><td>△</td><td>—</td></tr>
<tr><td>3</td><td>二次回路绝缘检查</td><td>▲</td><td>▲</td><td>▲</td></tr>
<tr><td>4</td><td>逆变电源检查</td><td>▲</td><td>△</td><td>—</td></tr>
<tr><td colspan="5">注：▲为必选，△为可选。</td></tr>
</table>

或

表 1　继电保护装置及二次回路 A、B、C 类检修项目

<table>
<tr><th>序号</th><th>检修项目</th><th>A 类检修</th><th>B 类检修</th><th>C 类检修</th></tr>
<tr><td>1</td><td>外观检查</td><td rowspan="4">▲</td><td>▲</td><td>▲</td></tr>
<tr><td>2</td><td>回路检验</td><td>△</td><td>—</td></tr>
<tr><td>3</td><td>二次回路绝缘检查</td><td>▲</td><td>▲</td></tr>
<tr><td>4</td><td>逆变电源检查</td><td>△</td><td>—</td></tr>
<tr><td colspan="5">注：▲为必选，△为可选。</td></tr>
</table>

【示例 15-14】

继电保护信息的采集与显示测试记录表见表 B.10。

表 B.10　继电保护信息的采集与显示测试记录表

工程名称：					
屏柜编号					
装置编号					
保护功能（逻辑节点）					
整定动作值、时间（动作/时间）					
动作后告警显示值（数值/时间）					
动作发生到显示时间					
读整定值（数值/时间）					
备注：					
验收结论：					
验收工作组人员：					
供应商代表：					
日期：					

（14）每张表宜排在提及该表的相应条文附近，表后应空一行，表在页面底端时无须空行。当某一条款下连续提及多个表时，宜集中编排条款内容之后再连续编排多个表，见示例 15-15。多个单独编号的表不应并排给出。

【示例 15-15】

A.2.1　传输内容

平台的级联数据内容如下：

a）平台运行心跳见表 A.2；

b）平台运行可靠率见表 A.3；

c）厂站监测装置运行可靠率基础信息见表 A.4。

表 A.2　平台运行心跳表

数据项编号	数据项
ND 001	本级调度编码
ND 002	心跳占位符

表 A.3　平台运行可靠率表

数据项编号	数据项
RRD 001	本级调度编码
RRD 002	平台状态

表 A.4　厂站监测装置运行可靠率基础信息表

数据项编号	数据项
PMD 001	本级调度编码
PMD 002	网络分类

二、正确示例

【示例 15-16】

主保护定值应按照表 A.35 设定。

表 A.35　主保护定值

序号	定　值　名　称	定值范围 A	整定步长
1	差动速断电流定值	1～9999	1
2	差动保护启动电流定值	1～9999	1
3	绕组差动启动电流定值	1～9999	1
4	零序差动启动电流定值	1～9999	1
5	引线差动启动电流定值	1～9999	1

注 1：1、2 项为换流变压器大差保护、换流变压器差动保护共用。3 项为网侧绕组差动保护、阀侧绕组差动保护共用。
注 2：各种差动保护的比例制动系数、二次谐波制动系数由装置内部设定。

【示例 15-17】

二次设备的外壳端口抗扰度应符合表 1 的要求。

表 1　外壳端口抗扰度要求

序号	试验项目	标准	试验等级	试验值
1	工频磁场	GB/T 17626.8	2	3[a] A/m 连续
			5	100 A/m　连续 1000 A/m　1s～3s
2	脉冲磁场	GB/T 17626.9	5	1000 A/m　峰值
3	阻尼振荡磁场	GB/T 17626.10	5	100 A/m
4	射频辐射电磁场	GB/T 1626.3	3	10[b] V/m 80MHz～1GHz、1.4GHz～2.7GHz
5	静电放电	GB/T 17626.2	4	8kV　接触放电 15kV 空气放电
静电放电试验等级可在距离设备 1m 处使用便携式无线电设备，×××××××××××××× ××××××××××××× 注：工频磁场试验仅用于 CRT 显示。				
[a] 较高的试验值可在订货合同中提出。 [b] 更严格的要求可根据所处环境的严酷性（如邻近广播站）给出。				

三、错误示例及分析

【示例 15-18】

表 7　挤包内衬层厚度❶

单位为毫米❷

缆芯假设直径 d❷	挤包内衬层厚度近似值
d❸≤25	1.0
25＜d❸≤35	1.2
35＜d❸≤45	1.4
45＜d❸≤60	1.6
60＜d❸≤80	1.8
80＜d❸	2.0
注 1❹：缆芯假设直径的计算按附录 A 的规定。	

错误提示❶：应在正文中提及表。

错误提示❷：表右上方关于单位的陈述的字号应为小五号字体。

错误提示❸：表示物理量的符号未采用斜体的形式。

错误提示❹：只有一个注应采用“注：”的形式，“注”中不应包含要求。

应改为：

挤包内衬层厚度应符合表 7 的要求。

表 7 挤包内衬层厚度

单位为毫米

缆芯假设直径 d	挤包内衬层厚度近似值
$d \leqslant 25$	1.0
$25 < d \leqslant 35$	1.2
$35 < d \leqslant 45$	1.4
$45 < d \leqslant 60$	1.6
$60 < d \leqslant 80$	1.8
$80 < d$	2.0
缆芯假设直径的计算按附录 A 的规定	

【示例 15-19】

表 5 适用于与安全接地分开的、专用的功能接地连接。

表 5 功能接地端口抗扰度要求

序号	试验项目	参考标准	试验等级	试验值❶
5.1	电快速瞬态脉冲群（*）❷	IEC 61000-4-4	4	4000 V
5.2	射频场感应的传导骚扰	GB/T 17626.6	3	10 V
注：×××××××××××。❸ *❷按 IEC 61000-4-4—2004 执行。				

错误提示❶：应将该列统一的单位提取到表头中，并置于表项下一行。

错误提示❷：应采用英文字母做脚标。

错误提示❸：表中的“注：”应为小五号黑体。

应改为：

表 5　功能接地端口抗扰度要求

序号	试验项目	参考标准	试验等级	试验值 V
5.1	电快速瞬态脉冲群[a]	IEC 61000-4-4	4	4000
5.2	射频场感应的传导骚扰	GB/T 17626.6	3	10
适用于与安全接地分开的、专用的功能接地连接 注：××××××××。				
[a] 按 IEC 61000-4-4—2004 执行。				

【示例 15-20】

电磁兼容检验结果与性能评价的关系应满足下表❶的要求。

表 11　电磁兼容检验结果验收准则

性能评价	验收结果描述[a]❷
A 类	在技术规范要求限值内性能正常
B 类	功能暂时丧失或性能暂时降低，干扰结束后能够自行恢复正常
C 类	功能丧失或性能降低，干扰结束后需人工干预恢复正常
D 类	硬件或软件损坏，干扰结束后需人工干预恢复正常
注[a]❷：各检验项目具体性能应符合表❸中的要求。❹	

错误提示❶：正文中提及表格时未以表编号的形式提及。

错误提示❷：表注、说明段、表脚注的表述形式混乱。

错误提示❸：表注中提及表格时未提及表编号。

错误提示❹：注是对全表的注释，不应包含要求；脚注是对表中某一项内容的注释，可包含要求；说明段是对全表的说明，可包含要求。

应改为：

电磁兼容检验结果与性能评价的关系应满足表 11 的要求。

表 11　电磁兼容检验结果验收准则

性能评价	验收结果描述
A 类	在技术规范要求限值内性能正常
B 类	功能暂时丧失或性能暂时降低，干扰结束后能够自行恢复正常
C 类	功能丧失或性能降低，干扰结束后需人工干预恢复正常
D 类	硬件或软件损坏，干扰结束后需人工干预恢复正常
各项检验项目具体性能要求见表 5	

【示例 15-21】

控制码 CC 应符合表 3（a）❶的要求。

表 3（a）❷　控　制　码　CC

标志位	说　　明
Next	Bit8=0，表示单帧报文或连续报文的最后一帧； Bit8=1，表示还有后续报文
备用	Bit5，留作备用
适用协议	❸

Bit4～1 值	协议类型
0001	DL/T 860 7-2（IEC 61850）
0010	DL/T 634.5104—2009
0011	DL/T 476—2012
0100	GB/T 18700.1（TASE.2）
0101	DL/T 719（IEC 870-5-102）
0110	DL/T 667（IEC 870-5-103）
0111～1110	预留
1111	电力系统通用实时通信服务协议

错误提示❶：正文中提及表时，表编号不符合要求。

错误提示❷：不应对表进行细分，表编号不符合要求。

错误提示❸：不应有表中表。

应改为：

控制码 CC 应符合表 3 的要求。

表 3　控　制　码　CC

<table>
<tr><th>标志位</th><th colspan="2">说　　明</th></tr>
<tr><td>Nex</td><td colspan="2">Bit8=0，表示单帧报文或连续报文的最后一帧；
Bit8=1，表示还有后续报文</td></tr>
<tr><td>备用</td><td colspan="2">Bit5，留作备用</td></tr>
<tr><td rowspan="9">适用协议</td><td>Bit4～1 值</td><td>协议类型</td></tr>
<tr><td>0001</td><td>DL/T 860 7-2（IEC 61850）</td></tr>
<tr><td>0010</td><td>DL/T 634.5104—2009</td></tr>
<tr><td>0011</td><td>DL/T 476—2012</td></tr>
<tr><td>0100</td><td>GB/T 18700.1（TASE.2）</td></tr>
<tr><td>0101</td><td>DL/T 719（IEC 870-5-102）</td></tr>
<tr><td>0110</td><td>DL/T 667（IEC 870-5-103）</td></tr>
<tr><td>0111～1110</td><td>预留</td></tr>
<tr><td>1111</td><td>电力系统通用实时通信服务协议</td></tr>
</table>

第十六章

数 学 公 式

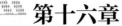

一、编写要求

（1）数学公式是标准内容的一种表述形式，当需要使用符号表示量之间关系时宜使用数学公式。

（2）应使用带圆括号从 1 开始的阿拉伯数字对数学公式编号，见示例 16-1。正文中的数学公式编号应从前言开始一直连续到附录之前，并与章、条、图和表编号无关。每个附录中的数学公式的编号应重新从 1 开始，应在阿拉伯数字编号之前加上表明附录顺序的大写英文字母，字母后跟下脚点，例如“（A.1）”“（A.2）”。不准许将数学公式进一步细分［例如将数学公式“（2）”分为“（2a）”和“（2b）”等］。

（3）数学公式应另行居中编排，较长的数学公式应在符号=、+、−、±或∓之后，必要时，在×、· 、/之后回行。数学公式中的分数线，主线与辅线应明确区分，主线应与等号取平。数学公式编号应右端对齐，见示例 16-1 和示例 16-2。

【示例 16-1】

$$x^2+y^2<z^2 \tag{1}$$

【示例 16-2】

$$T = \tau \ln \frac{I^2}{I^2 - (kI_{\mathrm{B}})^2} \tag{A.3}$$

（4）数学公式应以正确的数学形式表示。数学公式包括量关系式和数值关系式，见示例 16-3 和示例 16-4，由于数值关系式的表达形式与所选用的单位有关，见示例 16-3 和示例 16-4，因此数学公式通常使用量关系式表示。式中变量应由字母符号来代表。除非已经在“符号和缩略语”中列出，否则应在数学公式后用“式中：”引出对字母符号含义的解释，应按先左后右、先上后下的顺序对符号分行说明，每行空两个汉字起排，并用破折号与释文连接，回行时与上一行释文的文字位置左对齐。各行的破折号对齐，最后一行用“。”结尾，其余各行用“；”结尾，见示例 16-3。

特殊情况下，数学公式如果使用了数值关系式，应解释表示数值的符号，并给出单位，见示例 16-4。

一项标准中同一个符号不应既表示一个物理量，又表示其对应的数值。例如，在一项标准中既使用示例 16-4 的数学公式，又使用示例 16-5 的数学公式，就意味着 l=3.6。

【示例 16-3】

$$v=l/t$$

式中：

v——列车行驶速度；

l——列车行驶距离；

t——列车行驶时间。

【示例 16-4】

$$v=l/t$$

式中：

v——列车行驶速度，单位为千米每小时（km/h）；

l——列车行驶距离，单位为千米（km）；

t——列车行驶时间，单位为小时（h）。

【示例 16-5】

$$v=3.6\times l/t$$

式中：

v——列车行驶速度，单位为千米每小时（km/h）；

l——列车行驶距离，单位为米（m）；
t——列车行驶时间，单位为秒（s）。

（5）数学公式不应使用量的名称或描述量的术语表示。量的名称或多字母缩略术语，不论正体或斜体，亦不论是否含有下标，都不应该用来代替量的符号。数学公式中不应使用单位的符号，错误示例 16-6 应改为示例 16-7。

【示例 16-6】

$$密度=\frac{质量}{体积}$$

【示例 16-7】

$$\rho = \frac{m}{V}$$

（6）一项标准中同一个符号不宜代表不同的量，可用下标区分表示相关概念的符号。

（7）数学公式中表示变量的符号应用斜体，例如，S（面积）、V（体积）、t（时间）、ω（角速度）；数学运算符号应采用正体，例如：min、max、ln、sin、cos、$\frac{\mathrm{d}x}{\mathrm{d}t}$。

（8）在标准的条文中宜避免使用多于一行的表示形式，错误示例 16-8 应改为示例 16-9。在数学公式中宜避免使用多于一个层次的上标或下标符号，错误示例 16-10 应改为示例 16-11，并避免使用多于两行的表示形式，错误示例 16-12 应改为示例 16-13。

【示例 16-8】

$$\frac{a}{b}$$

【示例 16-9】

$$a/b$$

【示例 16-10】

$$D_{1_{\max}}$$

【示例 16-11】

$$D_{1\max}$$

【示例 16-12】

$$\frac{\sin\left(\frac{N+1}{2}\varphi\right)\sin\left(\frac{N}{2}\varphi\right)}{\sin\frac{\varphi}{2}}$$

【示例 16-13】

$$\frac{\sin[(N+1)\varphi/2]\sin(N\varphi/2)}{\sin(\varphi/2)}$$

（9）应使用适当的能愿动词或句型（见第二十章第一条）提及数学公式。提及的条文以句号结尾，不以冒号结尾。如为需要遵守、履行或符合的数学公式，应规范性提及，写作“应按照式（X）”“应符合式（X）”。如为参看的数学公式，应资料性提及，写作“见式（X）”“参见式（X）”“如式（X）”。

（10）数学公式宜编排在提及该数学公式的相应条文附近。当数学公式多且所占篇幅较大时，也可集中排在标准条文之后。

（11）数学公式中的符号说明在数学公式之下以“式中：”引出，“式中：”应空两个汉字起排，单独占一行。数学公式中需要解释的符号应按先左后右、先上后下的顺序分行说明，每行空两个汉字起排，并用破折号与释文连接，回行时与上一行释文的文字位置左对齐。各行的破折号对齐，见示例 16-14。

（12）两个及以上连续编排的数学公式中的符号说明宜写在一处，以“式（X）～（N）中：”引出，符号解释从“式（X）”开始，至“式（N）”为止，按先左后右、先上后下的顺序分行说明，重复出现且含义一致的符号只解释一次，见示例 16-14。符号解释各行的破折号对齐，最后一行用“。”、其余各行用“；”结尾。

【示例 16-14】

$$E_V = \frac{U_X - U_i}{AF} \times 100\% \tag{1}$$

$$E_i = \frac{I_X - I_i}{AF} \times 100\% \tag{2}$$

式（1）和式（2）中：

E_V ——电压基本误差；

U_X ——维护终端或当地显示装置上的电压显示值；

U_i ——标准表电压输入值；

AF ——输出基准值；

E_i ——电流基本误差；

I_X ——维护终端或当地显示装置上的电流显示值；

I_i ——标准表电流输入值。

二、正确示例

【示例 16-15】

幅值测量误差应按照式（2）计算。

$$E_n = \left|\frac{X_m - X_s}{X_d}\right| \times 100\% \tag{2}$$

式中：

E_n ——幅值测量误差；

X_m ——幅值测量量；

X_s ——实际幅值；

X_d ——幅值基准值，相电压幅值的基准值为 57.5V 的 1.2 倍，电流幅值的基准值为 1A 或 5A 的 1.2 倍。

三、错误示例及分析

【示例 16-16】

数据采集成功率= $\frac{\text{采集成功的数据总数}}{\text{应采集的数据总数}} \times 100\%$ ❶　　（3-1）❷❸

错误提示❶：数学公式中不应使用量的中文名称或描述量的中文术语来表示变量，数学公式未居中。

错误提示❷：编号不应与章条号相关，编号未右对齐。

错误提示❸：正文中未提及。

应改为：

数据采集成功率应按照式（1）计算。

$$p = \frac{n_1}{n_0} \times 100\% \qquad (1)$$

式中：

p——数据采集成功率；

n_1——采集成功的数据总数；

n_0——应采集的数据总数。

【示例 16-17】

若无其他规定，护套标称厚度值 T_s❶❷（mm）应见式 1❸计算。

T_s❶=0.035D❶+1.0　　(1)❹

❼上式中❺，D❶为护套前 OPLC 的假设直径，mm❻（见附录 A）。

错误提示❶：表示物理量的符号应采用斜体的形式。

错误提示❷：应随数学公式对其含义进行解释。

错误提示❸：应按规定的形式“式（X）”被提及。

错误提示❹：应采用全角圆括号的形式。

错误提示❺：应采用正确的形式解释公式中的物理量符号。

错误提示❻：应采用正确方式说明物理量的单位。

错误提示❼：应对数学公式中所有符号进行解释。

应改为：

若无其他规定，护套标称厚度值 T_s 应按式（1）计算。

$$T_s=0.035D+1.0 \tag{1}$$

式中：

T_s ——护套标称厚度，单位为毫米（mm）；

D ——护套前 OPLC 的假设直径，单位为毫米（mm）（见附录 A）。

【示例 16-18】

符合 IEC 60255-8 标准❶。

$$T=\tau\cdot\ln\frac{I^2}{I^2-(kI_B)^2}❷$$

式中❸：

T❹ ——动作时间。❺

I_B❹ ——热过负荷基准电流，也称持续运行电流。❺

k❹ ——热过负荷动作定值，也称长期过载倍数。❺

I❹ ——电阻的各次谐波电流（1～39 次）的均方根有效值。

错误提示❶：数学公式应被规范提及。

错误提示❷：数学公式应居中，数学公式应按规定编号。

错误提示❸：应说明符号 τ 的物理含义。

错误提示❹：对变量的解释应按照先左后右、先上后下的顺序。

错误提示❺：应用"；"结尾。

应改为：

动作时间应采用式（3）计算，符合 IEC 60255-8。

$$T=\tau\ln\frac{I^2}{I^2-(kI_B)^2} \tag{3}$$

式中：

T ——动作时间；

τ ——热过负荷时间常数，也称散热时间常数；

I ——电阻的各次谐波电流（1～39 次）的均方根有效值；

k ——热过负荷动作定值，也称长期过载倍数；

I_B ——热过负荷基准电流，也称持续运行电流。

【示例 16-19】

t 时刻的装置本体可靠度。

$$K_1(t) = e^{-\lambda_1(t-t_1)}$$ ❶

t 时刻的二次回路可靠度。

$$K_2(t) = e^{-\lambda_2(t-t_2)}$$ ❶

保护间隔在 t 时刻的装置本体及其二次回路预计可靠度采用❷以下方式❶计算：

❶ $$K(t) = K_1K_2$$

❶ $$K_1(t) = e^{-\lambda_1(t-t_1)}$$

❶ $$K_2(t) = e^{-\lambda_2(t-t_2)}$$

❶ $$\lambda_1 = \frac{1}{MTBF_1}$$

❶ $$\lambda_2 = \frac{1}{MTBF_2}$$

式中：

K❸——保护间隔装置本体及其二次回路预计可靠度；

t ❸——时刻，单位为 h；

$K_1$❸——装置本体可靠度；

$K_2$❸——二次回路可靠度；

$\lambda_1$❸——保护装置本体故障率；

$t_1$❸——最近一次装置得到完整检验的时间，取上一次检验时间，单位 h；

$\lambda_2$❸——二次回路故障率；

$t_2$❸——最近一次二次回路得到完整检验的时间，取上一次检验时间，单位为 h；

$MTBF_1$❸——一次装置平均无故障时间计算值；

$MTBF_2$❸——二次装置平均无故障时间计算值。

错误提示❶：数学公式应编号。

错误提示❷：数学公式被规范性提及时应表述为“应采用式（X）”；资料性提及时应表述为“见式（X）”。

错误提示❸：破折号应对齐。

应改为：

保护间隔在 t 时刻的装置本体及其二次回路预计可靠度应采用式（7）～式（11）计算。

$$K(t) = K_1K_2 \tag{7}$$

$$K_1(t) = e^{-\lambda_1(t-t_1)} \tag{8}$$

$$K_2(t) = e^{-\lambda_2(t-t_2)} \quad (9)$$

$$\lambda_1 = \frac{1}{MTBF_1} \quad (10)$$

$$\lambda_2 = \frac{1}{MTBF_2} \quad (11)$$

式（7）～式（11）中：

K ——保护间隔装置本体及其二次回路预计可靠度；

t ——时刻，单位为h；

K_1 ——装置本体可靠度；

K_2 ——二次回路可靠度；

λ_1 ——保护装置本体故障率；

t_1 ——最近一次装置得到完整检验的时间，取上一次检验时间，单位为h；

λ_2 ——二次回路故障率；

t_2 ——最近一次二次回路得到完整检验的时间，取上一次检验时间，单位为h；

$MTBF_1$ ——一次装置平均无故障时间计算值；

$MTBF_2$ ——二次装置平均无故障时间计算值。

【示例16-20】

A.1　可靠性状态量的评分标准❶❷

序号	状态量	评分要求	评　分　标　准
1	同型号整体可靠度	在评价周期内，某厂家同型号产品的故障率高，故障性质严重，其产品的同型号整体可靠度则差	1. 计算评价周期内某厂家同型号产品的加权平均缺陷评分μ，根据装置缺陷类型划分，按照一般、严重、危急缺陷不同权值加权统计。 $\mu = \frac{\sum_{i=1}^{3} Q_i \times A_i}{N_S} \times 100$，单位：次/（百台·评价周期） Q_1为评价周期内同型号产品一般缺陷次数； Q_2为评价周期内同型号产品严重缺陷次数； Q_3为评价周期内同型号产品危急缺陷次数； A_1、A_2、A_3为权重因子： 一般缺陷A_1=1； 严重缺陷A_2=2； 危急缺陷A_3=5； N_S为同型号产品统计数量。评价统计时间段按1年处理（12月）

错误提示❶：条标题下没有段或条，表没有在文中被明确提及。

错误提示❷：该条中表格无编号、无标题，如果表格中信息类型太多（如数学公式、图、表等），可选用条、段、列项等其他形式来呈现。

应改为：

A.1　可靠性状态量的评分

A.1.1　同型号整体可靠度

A.1.1.1　评分要求

在评价周期内，某厂家同型号产品的故障率高，故障性质严重，其产品的同型号整体可靠度则差。

A.1.1.2　评分标准

评价周期内某厂家同型号产品的加权平均缺陷评分根据装置缺陷类型划分，按照一般、严重、危急缺陷不同权值加权统计，应按式（A.1）计算：

$$\mu = \frac{\sum_{i=1}^{3} Q_i \times A_i}{N_{\mathrm{S}}} \times 100 \tag{A.1}$$

式中：

μ ——同型号整体可靠度评分；

Q_1 ——评价周期内同型号产品一般缺陷次数；

Q_2 ——评价周期内同型号产品严重缺陷次数；

Q_3 ——评价周期内同型号产品危急缺陷次数；

A_1 ——权重因子，一般缺陷 A_1=1；

A_2 ——权重因子，严重缺陷 A_2=2；

A_3 ——权重因子，危急缺陷 A_3=5；

N_{S} ——同型号产品统计数量，评价统计时间段按 1 年处理（12 月）。

第十七章

附　加　信　息

一、编写要求

（1）附加信息的表述形式包括示例、注、条文脚注、图表脚注，以及“规范性引用文件”中的文件清单和信息资源清单、“目次”中的目次列表和“索引”中的索引列表等。其中图表脚注可以包含要求，其他宜表述为陈述句，不应包含要求或指示型条款，也不应包含推荐或允许型条款。

（2）示例属于附加信息，它通过具体的例子帮助更好地理解或使用标准。示例宜置于所涉及的章或条之下。每个章、条或术语条目中，只有一个示例时，在示例的具体内容之前应标明“示例：”，见示例 17-1；有多个示例时，宜标明示例编号，在同一章（未分条）、条或术语条目中示例编号均从示例 1 开始，即“示例 1：”“示例 2：”等，见示例 17-2。

示例应另行空两个汉字起排。“示例：”或“示例 X：”小五号黑体，宜单独占一行。示例内容小五号宋体。文字类的示例回行时顶格编排，见示例 17-3。

示例不宜单独设章或条。如果示例较多或所占篇幅较大，尤其是作为示例的多个图或多个表，宜以“××××示例”为标题形成资料性附录。这种情况下，不宜每个示例、每个图或每个表均各自编为单独的附录，见示例 17-4。

【示例 17-1】

> 如果在文件中某个词语或短语需要使用简称，那么在正文中第一次使用该词语或短语时，应在其后的圆括号中给出简称，以后则应使用该简称。
>
> **示例：**……公共信息图形符号（简称“图形符号”）。

【示例 17-2】

9.1　尺寸应以无歧义的方式表示（见示例 1）。

示例 1：80 mm × 25 mm × 50 mm [不写作 80 × 25 × 50 mm 或（80 × 25 × 50）mm]

9.2　为了避免误解，百分率的公差应以正确的数学形式表示（见示例 7、示例 8）。

示例 1：用“63%～67%”表示范围。

示例 2：用“(65 ± 2）%”表示带有公差的值（不写作“65±2%”或“65 % ± 2 %”)。

【示例 17-3】

示例：“甲醛含量按 GB/T 2912.1—2009 描述的方法测定应不大于 20mg/kg”，其中的 GB/T 2912.1—2009 为规范性引用的文件。

【示例 17-4】

附　录　B

（资料性）

标准化项目标记示例

示例 3 和示例 4 给出了编写标准化项目标记的具体例子。

示例 3：

产品：

精密测量用短柱式内标温度计，符合 GB/T ××××，分度为 0.2 ℃，量程为 58 ℃～82 ℃。

标记：

温度计 GB/T ××××-EC-0,2-58-82

示例 4：

产品：

硬质合金（碳化物）可转位多刃刀片，符合 GB/T 2079，XXXXXXXXXXXXX，供左侧和右侧切削，加工对象按照 GB/T 2075 规定为 P20 组。

标记：

多刃刀片 GB/T 2079-TPGN160308-EN-P20

（3）注属于附加信息，它只给出有助于理解或使用标准内容的说明。按照注所处的位置，可分为条文中的注、术语条目中的注、图中的注和表中的注，图中注的要求见第十四章，表中注的要求见第十五章。

术语条目的注应置于示例（如有）之后，见示例 17-5。

【示例 17-5】

> **5.3.8**
>
> **基数 radix**
>
> 底数 base（拒用）
>
> 为了得到任意数位上邻数位的权，而与本数位的权相乘的正整数。
>
> **示例：**在十进制数制中，每个数位的基数为 10。
>
> **注：**由于术语“底数（base）”的数学应用，因此在本意义中被拒用。

条文中的注宜置于所涉及的章、条或段之下。每个章、条、术语条目中，只有一个注时，在注的第一行内容之前应标明“注：”；有多个注时，应标明注编号，在同一章（未分条）或条、术语条目中注编号均从“注 1：”开始，即“注 1：”“注 2：”等。“注：”“注 1：”“注 2：”小五号黑体，注的内容小五号宋体。

条文中的注另行空两个汉字起排，文字回行时应与注的内容的起始位置左对齐，见示例 17-6。

【示例 17-6】

> 编制目的不同，规范性要素中需要标准化的内容或特性就不同；编制目的越多，选取的内容或特性就越多。
>
> **注 1：**文件编制目的，如果是促进相互理解，形成标准的目的类别为基础标准；如果是保证可用性、互换性、兼容性、相互配合或品种控制的目的，形成标准的目的类别为技术标准；如果是保障健康、安全，保护环境，形成标准的目的类别为卫生标准、安全标准、环保标准。
>
> **注 2：**按照标准内容的功能，以促进相互理解为目的编制的基础标准，还可分为术语标准、符号标准、分类标准或试验标准；以其他目的编制的标准，还可分为规范标准、规程标准或指南标准。

（4）条文脚注属于附加信息，它只给出针对条文中的特定内容的附加说明。条文脚注的使用宜尽可能少。条文脚注应置于相关页面左下方的细实线之下，见示例 17-7。

从“前言”开始应对条文脚注全文连续编号，编号形式为后带英文模式的半圆右括号从 1 开始的阿拉伯数字，即 1)、2)、3)等。在条文中需注释的文字、符号之后应插入与脚注编号相同的上标形式的数字[1)]、[2)]、[3)]等标明脚注。特殊情况下，例如为了避免与上标数字混淆，可用一个或多个星号，即*、**、***代替条文脚注的数字编号。

条文脚注应另行空两个汉字起排，其后的文字以及文字回行均应置于距版心左边五个汉字的位置。分隔条文脚注与正文的细实线长度应为版心宽度的 1/4。

【示例 17-7】

1) ××××××××××××××××。*[条文的脚注，只给出针对条文中特定内容的附加说明，回行与首行的文字对齐。]*

二、正确示例

【示例 17-8】 条文中的示例。

5.1.2.3　一项标准分为若干个单独的部分时，可使用两种方式：

a) 将标准化对象分为若干个特定方面，各个部分分别涉及其中的一个方面，并且能够单独使用，见示例 1；

b) 将标准化对象分为通用和特殊两个方面，通用方面作为标准的第 1 部分，特殊方面（可修改或补充通用方面，不能单独使用）作为标准的其他各部分，见示例 2。

示例 1：

第 1 部分：性能要求

第 2 部分：试验方法

示例 2：

第 1 部分：一般要求

第 2 部分：热学要求

第 3 部分：声学要求

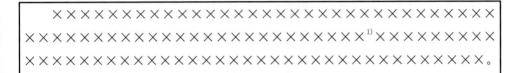

【示例 17-9】术语注的示例。

5.3.8

基数 radix

底数 base（拒用）

为了得到任意数位上邻数位的权，而与本数位的权相乘的正整数。

示例：在十进制数制中，每个数位的基数为 10。

注：由于术语“底数（base）”的数学应用，因此在本意义中被拒用。

【示例 17-10】示例作为资料性附录。

附 录 C

（资料性）

定值及软压板清单示例

定值清单表示例见表 A.1。

表 A.1 定值清单表（对应数据集 dsSetting）

类别	序号	定值名称	单位	最小值	最大值	说明
TA 变比	1	线路电流 TA 变比	—	1	6000	
	2	MOV1 电流 TA 变比	—	1	6000	
	3	MOV2 电流 TA 变比	—	1	6000	
	4	GAP 电流 TA 变比	—	1	6000	
	5	电容器电流 TA 变比	—	1	6000	
	6	电容器不平衡电流 TA 变比	—	1	5	
	7	平台闪络电流 TA 变比	—	1	6000	
	8	晶闸管阀电流 TA 变比	—	1	6000	可选
…						

【示例 17-11】条文注的示例。

8.2.2　亮度对比（从底面反射回的光线的百分比与从印刷字体反射回的百分比之间的差异）应尽可能大。

注 1：亮度对比通常在 70%以上，质量好的黑印刷体在白纸上的亮度对比大约是 80%。

注 2：亮度对比会因为在有些透明的纸张的两面都印刷字体而被衰减，从而削弱易读性。

【示例 17-12】脚注的示例。

A.12.2　采样步骤

原则上，为制备实验室样品的采样与化学分析方法无关，通常引用有关国家标准[1]的有关条款进行采样即可。

1）有关制备实验室样品的采样的国家标准见附录 A。

三、错误示例及分析

【示例 17-13】

7.6　并网运行模式下，储能系统应具备快速检测孤岛且立即断开与电网连接的能力，防孤岛保护动作时间应不大于 2s。

注：防孤岛保护应与电网侧线路保护相配合。❶❷

错误提示❶：注的字号应为小五号。

错误提示❷：注中不应提出要求。

应改为：

7.6　并网运行模式下，储能系统应具备快速检测孤岛且立即断开与电网连接的能力，防孤岛保护动作时间应不大于 2s，且防孤岛保护应与电网侧线路保护相配合。

【示例 17-14】

D.2.1　指定安全事件统计信息调阅

数据集编号：12❶

数据项内容：记录日期、本级调度编码、网络分类、安全分区、站点类型、厂站类型、电压等级、设备类型、设备子类型、告警类型编码、事件数量

E 文本示例如下：❷

表 D.20　指定安全事件统计信息调阅内容❸

＜！System=内网监视平台　Version=1.0　Code=UTF-8！＞

＜指定安全事件统计：：辽宁_省调_Ⅱ_MP_1　date='2019-07-30 00:00:00'＞

@记录日期 本级调度编码 网络分类 安全分区 站点类型 厂站类型 电压等级 设备类型 设备子类型 告警类型编码 事件数量

#2019-07-30　210000 省级接入网　Ⅱ区　统筹电厂　火电厂　330kV SVR SVR-PT SVR&1&5 5

#2019-07-30　210100 地级接入网　Ⅱ区　统筹电厂　火电厂　330kV SVR SVR-PT SVR&1&5 5

＜/指定安全事件统计：：辽宁_省调_Ⅱ_MP_1＞

错误提示❶：条文应便于引用。

错误提示❷：在示例的具体内容之前应标明“示例：”。

错误提示❸：不是表格，无须表编号和表名称。

应改为：

D.2.1　指定安全事件统计信息调阅

指定安全事件统计信息调阅应包含如下内容：

a）数据集编号：12；

b）数据项内容：记录日期、本级调度编码、网络分类、安全分区、站点类型、厂站类型、电压等级、设备类型、设备子类型、告警类型编码、事件数量。

E 文本示例：

＜！System=内网监视平台　Version=1.0　Code=UTF-8！＞

<指定安全事件统计::辽宁_省调_Ⅱ_MP_1 date='2019-07-30 00:00:00'>

@记录日期 本级调度编码 网络分类 安全分区 站点类型 厂站类型 电压等级 设备类型 设备子类型 告警类型编码 事件数量

#2019-07-30 210000 省级接入网 Ⅱ区 统筹电厂 火电厂 330kV SVR SVR-PT SVR&1&5 5

#2019-07-30 210100 地级接入网 Ⅱ区 统筹电厂 火电厂 330kV SVR SVR-PT SVR&1&5 5

</指定安全事件统计::辽宁_省调_Ⅱ_MP_1>

第十八章

附　　录

一、编写要求

（1）附录是可选要素。附录分为规范性附录（给出标准正文的补充或附加条款，含要求）和资料性附录（给出有助于理解或使用标准的附加信息，不含要求）。

（2）附录的内容源自正文或前言中的内容，用来承接和安置不便在标准正文或前言中表述的内容，它是对正文或前言的补充或附加，它的设置可以使文件的结构更加平衡。当文件中的某些规范性要素过长或属于附加条款，可以将一些细节或附加条款移出，形成规范性附录。当文件中的示例、信息说明或数据等过多，可以将其移出，形成资料性附录。

（3）可以考虑将源自正文的下述内容设置成规范性附录：

1）涉及正文的部分规定可写进规范性附录，起进一步补充和细化作用。

2）相对独立的技术内容可写进规范性附录，如试验方法、计算方法等。

（4）可以考虑将源自正文或前言中的下述内容设置成资料性附录：

1）某些较为详细或复杂的示例可作为资料性附录。

2）篇幅较长而又必需的解释和说明可作为资料性附录，便于标准理解和实施。

（5）标准中下列表述形式提及的附录属于规范性附录：

1）任何标准中，由要求型条款或指示型条款指明的附录。

2）规范标准中，由“按”或“按照”指明试验方法的附录。

3）指南标准中，由推荐型条款指明的附录。

示例：……应符合附录 A 的规定。

（6）其他表述形式指明的附录都属于资料性附录。

示例：……相关示例见附录 D。

（7）每个附录均应在正文或前言的相关条文中被明确提及。附录的规范性或资料性的作用应在目次中和附录编号之下标明，并且在正文或前言的提及之处还应通过使用适当的表述形式予以指明，同时提及该附录的编号。

（8）附录应位于正文之后、编制说明之前。附录的顺序应按在条文（从前言算起）中提及它的先后次序编排（前言中说明与前一版本相比的主要技术变化时，所提及的附录不作为编排附录顺序的依据）。每个附录均应有附录编号。附录编号由“附录”和随后表明顺序的大写英文字母组成，字母从 A 开始，例如“附录 A”“附录 B”等。只有一个附录时，仍应给出附录编号“附录 A”。附录编号下方应标明附录的作用，即“（规范性）”或“（资料性）”，其中圆括号为全角格式，再下方为附录标题。

（9）每个附录均应另起一页编排。附录编号、附录的作用即“（规范性）”或“（资料性）”，以及附录标题，每项应各占一行，居中编排。附录编号行中每两个字（如“附录 A”）之间有 1 个汉字的间隙；附录编号行下方接排附录的作用行；附录的作用行下方给出附录的标题名称。附录这三行先后顺序固定，不应调整，见示例 18-1。

【示例 18-1】

附　录　A **（资料性）** **电力设备高频局部放电检测数据记录**

（10）附录可以分为条，条还可以细分。例如附录 A 中的第一层次条用“A.1”“A.2”……表示，第二层次条用“A.1.1”“A.1.2”……表示；附录 B 中的第一层次条用“B.1”“B.2”……表示，第二层次条用“B.1.1”“B.1.2”……表示，依次类推。其余编写要求同正文中主题章/条/段/列项的编写要求。

（11）附录中的图、表、数学公式编号均应重新从 1 开始，编号前应加上附录编号中表明顺序的大写字母，字母后跟下脚点，例如图用“图 A.1”“图 A.2”……表示；表用“表 B.1”“表 B.2”……表示；数学公式用“（D.1）”“（D.2）”……表示。其余编写要求同正文中图、表、数学公式的编写要求。

（12）附录中有多个图/表，宜先集中给出提及图/表的文字，再按照提及的顺序集中给出图/表，见示例 18-2。

【示例 18-2】

附　录　A

（规范性）

潮流数据二进制描述模型

电网分区模型应符合表 A.1，电网厂站模型应符合表 A.2，电网电压等级应符合表 A.3，电网拓扑节点模型应符合表 A.4，电网支路模型应符合表 A.5，电网直流节点模型应符合表 A.6，……统一潮流控制器串联端模型应符合表 A.22，统一潮流控制器串联端模型应符合表 A.23。

表 A.1　电 网 分 区 模 型

中文名	类型	备注
编号	整型（4 个字节）	
名称	字符型（64 个字节）	
上级区域指针	整型（4 个字节）	

表 A.2　电 网 厂 站 模 型

中文名	类型	备注
编号	整型（4 个字节）	
名称	字符型（64 个字节）	
所属分区 id	整型（4 个字节）	

表 A.3　电 网 电 压 等 级

中文名	类型	备注
编号	整型（4 个字节）	
名称	字符型（64 个字节）	
基准电压	浮点型（8 个字节）	千伏

……

（13）附录中不准许设置“范围”“规范性引用文件”“术语和定义”等内容。

二、正确示例

【示例 18-3】

附 录 A

（规范性）

节点时钟设置要求

同步网节点与节点时钟等级的对应关系及设置位置应符合表 A.1 的规定。

表 A.1 同步网节点与节点时钟等级的对应关系及设置位置

网络节点分级	时钟等级	设 置 位 置
一级节点	1 级基准时钟	省际传输网与省级传输网的重要交汇节点（优选 500kV 以上站点），重要变电站（如 500kV 以上）
二级节点	2 级节点时钟	省际、省级传输网中心节点，省级传输网与地县传输网的交汇节点，重要变电站（如 500kV 以上）
三级节点	3 级节点时钟	地县传输网重要核心节点

【示例 18-4】

附 录 C

（资料性）

SSM 功能在 SDH 子网中的应用

C.1 一个 SSU 通过 SDH 链形网向另一个 SSU 传送定时

SSU1 通过 SDH 链形网向 SSU2 传送定时，SDH 链形网的主用定时源来自 SSU1，备用定时源来自 SSU2。

C.2 一个 SSU 通过 SDH 环形网向另一个 SSU 传送定时

SSU1 通过 SDH 环形网向 SSU2 传送定时，SDH 环形网的主用定时源来自 SSU1，备用定时源来自 SSU2。

三、错误示例及分析

【示例 18-5】

❶附录 2❷

64kbit/s 数字连接滑码性能指标

❸规范性附录❹

C.1　❺性能指标要求

ITU-TG.822 对国际数字连接的受控滑码率指标做出规定。这个规定是考虑到国际数字连接端到端的滑码率性能应满足在 ISDN 中一个 64kbit/s 数字连接上的电话及非话业务的要求。国际端到端连接的滑码率指标按照图 C—1❻。

错误提示❶：附录编号行应居中编排。

错误提示❷：附录编号不应是“附录 1”“附录 2”等，应为“附录 A”“附录 B”等；附录编号行的每两个字之间应有 1 个汉字的间隙。

错误提示❸：附录作用行应在附录标题行之下编排。

错误提示❹：附录作用的内容不应为“规范性附录”，应为“规范性”，且加全角格式的圆括号。

错误提示❺：附录只有一条时，不应有条编号。

错误提示❻：附录中的图编号格式应为图 C.1。

应改为：

附　录　C

（规范性）

64kbit/s 数字连接滑码性能指标

ITU-T G.822 对国际数字连接的受控滑码率指标做出规定。这个规定是考虑到国际数字连接端到端的滑码率性能应满足在 ISDN 中一个 64kbit/s 数字连接上的电话及非话业务的要求。国际端到端连接的滑码率指标见图 C.1。

【示例 18-6】

示例中同时给出该标准目次以及对应正文中提示附录的表述。

[目次中]

……

附录 A[❶]（资料性） 关于 SDH 出书系统同步工作方式分类的说明 ……… 12

附录 B[❶]（规范性） 64kbit/s 数字连接滑码性能指标 …………………… 15

附录 C[❶]（资料性） SSM 功能在 SDH 子网中的应用 ……………………… 18

……

[正文中]

7.1　定时信号站间传送

PRC 向各同步区内设置的 LPR 提供定时信号，应符合[❷]附录 C[❶]的要求。定时信号的站间传送可以对相互连接的个各同步网节点提供同步信号，参见[❷]附录 B[❶]。

站间定时传送采用树形拓扑结构详见附录 A[❶]。

错误提示❶：附录应按正文或前言中的提及次序编号和编排，本例中附录在正文中被提及的次序为附录 C（应改为附录 A）、附录 B、附录 A（应改为附录 C）等。

错误提示❷：规范性附录 B 应采用规范性提及的方式，资料性附录 C 应采用资料性提及的方式。

应改为：

[目次中]

……

附录 A（资料性） SSM 功能在 SDH 子网中的应用 ……………………… 12

附录 B（规范性） 64kbit/s 数字连接滑码性能指标 …………………… 16

附录 C（资料性） 关于 SDH 出书系统同步工作方式分类的说明 ……… 19

……

[正文中]

7.1　定时信号站间传送

PRC 向各同步区内设置的 LPR 提供定时信号，见附录 A 的要求。定时信号的站间传送可对相互连接的各同步网节点提供同步信号，应符合附录 B 的规定。

站间定时传送采用树形拓扑结详见附录 C。

【示例 18-7】

附　录　A
（规范性）
系统运行试验项目

❶表 1　系统运行试验项目❷

试验项目	选做/必做
换流变压器充电试验	必做
换流阀充电触发试验	必做

错误提示❶：附录中表编号应在编号前加上附录编号中表明顺序的大写字母 A 及下脚点。

错误提示❷：附录中的表应在条文中被提及。

应改为：

附　录　A
（规范性）
系统运行试验项目

柔性变电站的主设备试验项目应符合表 A.1 的规定。

表 A.1　系统运行试验项目

试验项目	选做/必做
换流变压器充电试验	必做
换流阀充电触发试验	必做

【示例 18-8】

附　录　A

（资料性）

换流变压器部分技术参数示例

A.1　系统条件

系统条件应❶满足以下要求：

a）　交流系统最高运行电压：550kV；

b）　直流系统标称电压：±800kV。

A.2　换流变压器阀侧套管末屏电压分压器

换流变压器阀侧套管末屏电压分压器的配置及要求，应❶符合工程规范要求，且填写的内容包括但不限于表 A.1。

表 A.1　换流变压器阀侧套管末屏电压分压器

装设位置	阀侧 Y1 套管	阀侧 Δ1 套管
数量	1	1
准确级	3	3
分压比	$99.2\text{kV}/\frac{110}{\sqrt{3}}\text{V}$	$99.2\text{kV}/\frac{110}{\sqrt{3}}\text{V}$
二次容量	1VA	1VA

A.3　换流变压器就地控制系统的输入/出信号

换流变压器就地控制系统的输入/出信号应❶能可靠地送出或接收。所有开关量、模拟量输出信号均应❶双套配置，以满足控制保护系统要求，作用于跳闸的非电量元件都应❶设置三副独立的跳闸接点，按照“三取二”原则出口，三个开入回路要独立，不允许多副跳闸接点并联上送，三取二出口判断逻辑装置及其电源应❶冗余配置。

……

错误提示❶：资料性附录不应有要求型条款或指示型条款，此附录应改为规范性附录。

第十九章

索　　引

一、编写要求

（1）索引是资料性要素，通常是可选要素，如果为了方便文件使用者而需要设置索引，应设置于编制说明之前。

对于术语标准，索引是必备要素，应设置术语的汉语拼音索引。

对于符号标准，为了便于符号检索宜建立索引。

索引的功能是在目次之外提供一个检索文件内容的途径，从而提高文件的易用性。索引与目次的功能不同，其功能是通过关键词检索文件相关内容。

（2）索引均应另起一面，“索引”两字应居中编排，索引中的“术语”或“英文对应词”与对应的章、条、图、表、附录的编号之间均由“……”连接，页码不加括号。电子文本的索引宜使用模板自动生成。

（3）索引由索引列表构成。索引列表由一条条的索引项构成，索引中的每条索引项由文件中的“关键词”与文件的规范性要素中对应的章、条、附录和/或图、表的编号组成，见示例 19-1。为了便于通过关键词查找相应的内容，索引项的编排顺序应以关键词的汉语拼音按照 26 个字母顺序编排，不应按照条文中章条次序或表中的编号次序编排。为了便于检索可在关键词的汉语拼音首字母相同的索引项之上标出相应的字母，见示例 19-2。

【示例 19-1】

表 ……………………………………………………… 表 J.1, 9.9.62, 5.2.7, 表 1

【示例 19-2】

索 引

汉语拼音索引

A

B

（4）编写索引，首先应分析文件中的规范性要素，找出使用者需要查找的关键词,然后以关键词作为索引标目进行检索，建立起关键词与文件的章条、图表编号的对应关系，从而实现对文件相关内容的检索。

（5）术语标准的索引通常用“术语”作为索引标目，并引出术语对应的条目编号，见示例 19-3。各索引项的前后顺序按照汉字（字母排序）、英文字母、希腊字母、阿拉伯数字的顺序编排。

术语标准中，除应该编排术语的汉语拼音索引外，通常还包含术语的外文对应词索引，见示例 19-4。各索引项应按照各语种的字母顺序编排前后顺序。

【示例 19-3】

索 引

汉语拼音索引

A

B

【示例 19-4】

索　引

英文对应词索引

二、正确示例

【示例 19-5】

索 引

汉语拼音索引

三、错误示例及分析

【示例 19-6】

索　　引❶

汉语拼音索引

B

F

错误提示❶：索引行应居中编排。

错误提示❷：索引项的编排顺序应以关键词的汉语拼音按照 26 个字母顺序编排，不应按照条文中章条次序或表中的编号次序编排。

应改为：见示例 19-5。

第二十章

综 合 性 内 容

一、能愿动词或句型的使用

标准中的条款类型分为要求、指示、推荐、允许和陈述。条款可包含在规范性要素的条文、图表脚注、图与图题之间的段或表内的段中。

标准中的条款应使用表 20-1 中的能愿动词或句型（包括否定形式），只有在特殊情况下由于语言的原因不能使用表 20-1 能愿动词时，才可使用对应的等效表述。

标准中表述条款使用的能愿动词或句型详见附录 A。

表 20-1　　标准中的条款应使用的能愿动词或句型

<table>
<tr><th colspan="2">表述类型</th><th>能愿动词或句型</th><th>特殊情况下的等效表述</th><th>不使用的替代词</th></tr>
<tr><td colspan="2" rowspan="2">要求</td><td>应</td><td>应该、只准许</td><td rowspan="2">不使用“必须”作为“应”的替代词；不使用“不可”“不得”“禁止”代替“不应”</td></tr>
<tr><td>不应</td><td>不应该、不准许</td></tr>
<tr><td colspan="2">指示</td><td>祈使句</td><td>—</td><td>—</td></tr>
<tr><td colspan="2" rowspan="2">推荐</td><td>宜</td><td>推荐、建议</td><td rowspan="2">—</td></tr>
<tr><td>不宜</td><td>不推荐、不建议</td></tr>
<tr><td colspan="2" rowspan="2">允许</td><td>可</td><td>可以、允许</td><td rowspan="2">在这种情况下，不使用“能”“可能”代替“可”</td></tr>
<tr><td>不必</td><td>可以不、无须</td></tr>
<tr><td rowspan="5">陈述</td><td rowspan="2">能力</td><td>能</td><td>能够</td><td rowspan="4">“可”是标准所表达的许可，而“能”指主、客观原因导致的能力，“可能”则指主、客观原因导致的可能性</td></tr>
<tr><td>不能</td><td>不能够</td></tr>
<tr><td rowspan="2">可能性</td><td>可能</td><td>有可能</td></tr>
<tr><td>不可能</td><td>没有可能</td></tr>
<tr><td>一般陈述句</td><td colspan="3">典型表述用词：是、为、由、给出等</td></tr>
</table>

二、常用词的使用

1. 编写要求

（1）“遵守”和“符合”用于不同的情形的表述。“遵守”用于在实现符合性过程中涉及的人员或组织采取的行动的条款，“符合”用于规定产品/系统、过程或服务特性符合文件或其要求的条款，即需要“人”做到的用“遵守”，需要“物”达到的用“符合”。

示例 1：洗涤物的含水率应符合表 X 中的给定。

示例 2：文件的起草和表述应遵守××××的规定。

（2）“尽可能”“尽量”“考虑”（“优先考虑”“充分考虑”）以及“避免”“慎重”等词语不应该与“应”一起使用表示要求，建议与“宜”一起使用表示推荐。

（3）“通常”“一般”“原则上”不应该与“应”“不应”一起使用表示要求，可与“宜”“不宜”一起使用表示推荐。

（4）可使用“……情况下应……”“只有/仅在……时，才应……”“根据……情况，应……”“除非……特殊情况，不应……”等表示有前提条件的要求。前提条件应是清楚、明确的。

示例 1：探测器持续工作时间不应短于 40 h，且在持续工作期间不做任何调整的情况下应符合 4.1.2 的要求。

示例 2：只有文件中多次使用并需要说明某符号或缩略语时，才应列出该符号或缩略语。

示例 3：根据所形成的文件的具体情况，应依次对下列内容建立目次列表。

2. 错误示例及分析

【示例 20-1】

储能电池技术要求、试验项目应遵循❶GB/T 36276 要求。

错误提示❶：未采用“遵守”和“符合”的规范表述形式（“储能电池技术要求”“试验项目”为物，需要“物”达到的要求应使用“符合”进行表述）。

应改为：

储能电池技术要求、试验项目应符合 GB/T 36276 要求。

【示例 20-2】

柔性变电站中与外界交换能量的物理连接接口，一般应❶具有潮流双向可控的能力。

错误提示❶：“一般”不应与“应”一起使用表示要求，可改为“宜”，推荐型条款。

应改为：

柔性变电站中与外界交换能量的物理连接接口，宜具有潮流双向可控的能力。

三、提示

1. 编写要求

（1）用法。在起草标准时，如果部分内容已经包含在现行有效的其他标准中并且适用，或者包含在标准自身的其他条款中，那么应通过提及标准编号和/或标准内容编号的表述形式，引用、提示而不抄录所需要的内容。这样可以避免重复造成标准间或标准内部的不协调、标准篇幅过大以及抄录错误等。

（2）提及标准自身。当标准中需要称呼标准自身时应使用的表述形式为：“本文件……”*[包括标准、标准的某个部分、指导性技术文件]*

如果分为部分的标准中的某部分提及其所在标准的其他部分或所有部分时，应与提及其他标准的方式相同。如 Q/GDW 378.2 中提及 Q/GDW 378 时表述形式为“Q/GDW 378……”，Q/GDW 378.2 中提及 Q/GDW 378.1 时表述形式为“Q/GDW 378.1……”。

（3）提及标准自身的具体内容。凡是需要提及标准自身的具体内容时，不应提及页码，而应提及标准内容的编号，例如：

1）章或条表述为“第 4 章”“5.2”“A.1”“9.3.3b）”。*[第十三章第一条（6）：同一条内只设一个列项，不应有两个及以上的列项]*

2）附录表述为“附录 C”。

3）图或表表述为“图 1”“表 2”。

4）数学公式表述为“公式（3）”“10.1 中的公式（5）”。

提及标准本身中的具体内容时，不应冠以“本文件 第 X 章”“本文件 4.2”“本文件 图 2”的形式，也不应给出章、条、图、表等的名称，如“第 3 章 检测方法”

“表 2 试验项目汇总表”等形式。提及条时，表述为“X.X”，不应表述为“第 X.X 条”，提及列项、附录中的条时同此要求。

（4）规范性提及标准自身的具体内容需要提示使用者遵守、履行或符合标准自身的具体条款时，应使用适当的能愿动词或句型（见附录 A）提及标准内容的编号。这类提示属于规范性提示。

示例：

“……应符合 7.5.2 中的相关规定。”

“……按照 5.1 规定的测试程序……”

“……的结构应与图 2 相符合。”

“……的技术特性应符合表 7 给出的特性值。”

“……应符合附录 A 的规定。”（附录 A 为规范性附录）

（5）资料性提及标准自身的具体内容：需要提示使用者参看、阅看标准自身的具体内容时，应使用“见”提及文件内容的编号，而不应使用诸如“见上文”“见下文”等形式。这类提示属于资料性提示。

示例：

“（见 5.2.3）”“……见 6.3.2 b）”

“……相关示例见附录 D。”

“……的循环过程见图 3。”

“……的相关信息见表 2。”

需要注意的是，标准中提及自身的资料性附录，条文中的注、脚注、示例、图注、表注等资料性内容时，应使用资料性提及方式。修订后的标准条款不应以引用的方式提及其旧版本的内容。

2. 错误示例及分析

【示例 20-3】

取样单元一般包括电压取样单元和电流取样单元，应符合本文件❶第 6 章的要求。

错误提示❶：提及标准本身中具体内容时，不应冠以“本文件”（应删除“本文件”）。

应改为：

取样单元一般包括电压取样单元和电流取样单元，应符合第 6 章的要求。

【示例 20-4】

PON 设备网管北向接口应采用 TL1 协议，TL1 消息格式要求和定义参见❶附录 A。

错误提示❶：附录 A 在该标准中为规范性附录，未被规范性提及。

应改为：

PON 设备网管北向接口应采用 TL1 协议，TL1 消息格式要求和定义应符合附录 A 的规定。

【示例 20-5】

配置管理服务应包括的功能参见❶表 2。配置下发功能服务不做强制性要求，其功能的建议实现方法应遵守❷附录 B 的规定。

错误提示❶：表 2 为规范性内容，未被规范性提及。

错误提示❷：附录 B 为资料性附录，未被资料性提及。

应改为：

配置管理服务应包括的功能应符合表 2 的规定。配置下发功能服务不做强制性要求，其功能的建议实现方法见附录 B。

四、全称、简称和缩略语

（1）如果在标准中某个词语或短语需要使用简称，那么在正文（不包括前言）中第一次出现时，应在其后的全角圆括号中给出“简称……”，随后的条款中应使用该简称，见示例 20-6。

【示例 20-6】

1　范围

本文件规定了生产控制大区应用系统接入国家电网调度数据网（简称调度数据网）的方式，明确了应用系统接入调度数据网的接入原则、接入界面和接入模式。

（2）标准中应仅使用组织机构正在使用的全称和简称（或原文缩写），公司系统内组织机构的名称应按照公司关于组织机构名称的文件中正式发布的全称和简称或外文缩写。前言中不应采用单位的简称。

（3）如果标准中未给出缩略语清单，但需要使用英文字母组成的缩略语，则在正文中第一次使用时，应给出缩略语对应的中文词语或解释，并将缩略语置于其后的全角圆括号中，以后则应使用缩略语。

英文字母组成的缩略语的使用宜慎重，只有在不引起混淆的情况下才可使用。

缩略语宜由大写英文字母组成，每个字母后面没有下脚点（例如 DNA）。由于历史或技术原因，个别情况下约定俗成的缩略语可使用不同的方式书写。

五、量、单位及符号

（1）标准中使用的量、单位及符号，应符合 GB 3100、GB/T 3101、GB/T 3102（所有部分）、GB/T 14559 的规定。

（2）应使用阿拉伯数字表示物理量的数值，后跟法定计量单位符号。例如“5 m”，避免使用“五 m”和“5 米”之类的组合。

（3）量和单位的符号以及数字的字体使用规则如下：

1）无论条文的其他字体如何，物理量的符号都应使用斜体，符号后不加下脚点。

2）位于下标位置的字母符号，如果代表物理量也应用斜体。代表其他含义的下标符号用正体。

3）数字一般应使用正体，用作下标的数字也应使用正体，而表示数字的字母符号应使用斜体。

4）单位符号一律使用正体字母，并均为小写。但来源于人名的单位符号第一个字母需要大写（只有“升”的符号除外，它虽然不是来源于人名，但使用大写字母“L”）。

5）表示平面角的度、分、秒的单位符号应紧跟数值之后，其余所有其他单位符号前均应空 1/4 个汉字（由出版机构解决）。

例如：秒的符号“s”，分的符号“min”；而来源于人名的安（培）的符号为“A”，帕（斯卡）的符号为“Pa”，伏（特）的符号为“V”，千伏的符号为“kV”。

（4）表示量值时，应写出其单位。数值和单位之间的间隙应全文一致，如为“5 m”则全文均为“5 m”，为“5m”则全文均为“5m”。

（5）不应将单位符号和单位名称混合使用。例如：写作“千米每小时”或“km/h”，而不写作“每小时 km”或“千米/小时”。

（6）不应使用非标准化的缩略语表示单位符号，例如“s”（秒）不得用“sec”代替，“min”（分）不得用“mins”代替，“h”（小时）不得用“hrs”代替，“cm^3”（立方厘米）不得用“cc”代替，“L”（升）不得用“lit”代替，“A”（安培）不得用“amps”代替等。

六、数和数值的表示

（1）标准中数字的用法应遵守 GB/T 15835 的规定。

（2）符号叉（×）应该用于表示以小数形式写作的数和数值的乘积、向量积和笛卡尔积。

示例 1： $l=2.5\times10^3\,\mathrm{m}$

示例 2： $I_G=I_1\times I_2$

符号居中圆点（·）应该用于表示向量的无向积和类似的情况，还可用于表示标量的乘积以及组合单位。

示例 3： $U=R\cdot I$

示例 4： $\mathrm{rad\cdot m^2/kg}$

在一些情况下［通常三种情况：字母与字母相乘、数与字母相乘（数写在前面）、字母或数字与括号相乘］，乘号可省略。

示例 5： $4c-5d$，$6ab$，$7(a+b)$，$3\ln2$

GB/T 3102.11 给出了数字乘法符号的概览。

（3）诸如 $\frac{V}{\mathrm{km/h}}$、$\frac{l}{\mathrm{m}}$ 和 $\frac{t}{\mathrm{s}}$ 或 $v/(\mathrm{km/h})$、l/m 和 t/s 之类的数值表示法适用于图的坐标轴和表的表头栏中。

七、尺寸和公差

（1）尺寸应以无歧义的方式表示，见示例 20-7。数和（或）数值相乘应使用乘号“×”，而不使用圆点。

【示例 20-7】

80mm×25mm×50mm *［不写作 80×25×50mm 或（80×25×50）mm］*

（2）公差应以无歧义的方式表示，通常使用最大值、最小值，带有公差的值（见示例 20-8～示例 20-10）或量的范围值（见示例 20-11，示例 20-12）表示。

【示例 20-8】

80 μF±2μF 或（80±2）μF *［不写作 80±2μF］*

【示例 20-9】

80^{+2}_{0} mm *［不写作 80^{+2}_{-0} mm］*

【示例 20-10】

80mm $^{+50}_{-25}$ μm

【示例 20-11】

10kPa～12kPa *［不写作 10～12kPa］*

【示例 20-12】

0℃～10℃ *［不写作 0～10℃］*

（3）为了避免误解，百分数的公差应以正确的数学形式表示，见示例 20-13 和示例 20-14。

【示例 20-13】

用“63%～67%”表示范围

【示例 20-14】

用“（65±2）%”表示带有公差的中心值，不应使用“65±2%”或“65%±2%”的形式。

（4）平面角宜用单位度（°）表示，见示例 20-15。

【示例 20-15】

17.25° *［不写作 17° 15′］*

八、商品名和商标的使用

在公司技术标准中应给出产品的正确名称或描述，而不应给出商品名或商标。特定产品的专用商品名或商标，即使是通常使用的，也宜尽可能避免。

第二十一章

编　制　说　明

编制说明为必备要素，应包括编制说明封面、编制说明目次和编制说明正文三部分，其中编制说明正文包括 6 章：1 编制背景、2 编制原则、3 与其他标准/文件的关系、4 主要工作过程、5 结构和内容、6 条文说明，此 6 章的编号顺序及标题均不应更改。

编制说明应与标准正文连续编排页码。编制说明应严谨明确、精炼易懂，具有较强的针对性，应避免无用的、冗长的陈述，不应重复正文的形式和内容。

（一）编制说明封面

编制说明应有封面，且应另起一页。编制说明封面中，标准中文名称（2 号黑体字）仅一行时，前空行为 5 号字体单倍行距 11 行，见示例 21-1；标准中文名称（2 号黑体字）分两行时，前空行为 5 号字体单倍行距 10 行，见示例 21-2；标准中文名称后空 2 行（5 号字体单倍行距），下一行为“编制说明”（4 号黑体字），每两个字之间空 1 个汉字的间隙；标准中文名称和“编制说明”均应居中排版。

【示例 21-1】

分布式电源接入电网技术规定

编　制　说　明

【示例 21-2】

电力用户用电信息采集系统通信协议
第 2 部分：集中器本地通信接口协议

编　制　说　明

（二）编制说明目次

编制说明应有目次且应另起一页编写。编制说明目次中，“目次”字间有 2 个汉字的间隙；编制说明目次只列出编制说明的章编号和标题，章编号、章标题以及次序不应更改，章编号与章标题之间有一个汉字的间隙。见示例 21-3。

【示例 21-3】

目　　次

（三）编制说明正文

1. 编制背景

本部分内容应包括三个主题：任务来源、编制背景、编制目的。

（1）任务来源。给出企业标准项目的任务来源，表述方式见示例 21-4，此处的计划应是国家电网有限公司正式下达的制修订计划公司文件，而不是部门文件，下达文件名称应为文件全名。

【示例 21-4】

本文件依据《关于下达 20□□年度国家电网有限公司技术标准制修订计划的通知》（国家电网科〔20□□〕XXX 号）。

（2）编制背景。可根据实际情况以恰当的方式阐述有关背景情况，示例 21-5 供参考。

【示例 21-5】

在××××领域、××××方面，因国家政策/电网发展/产业优化/市场变化/系统及产品国际化等，亟须规范××××，统一××××，建立/完善××××标准体系，与现行××××标准配套，有迫切的标准化需求，编制本文件。

2. 编制原则

本条主要说明本文件编制过程中，为保证标准的先进性、适用性、目标定位等而确定的基本原则、指导思想，应根据实际情况以恰当的方式阐述。可参考示例 21-6。

【示例 21-6】

本文件主要根据以下原则编制： （1）注重优化、完善相关××××标准体系，与××××标准配套。 （2）注重与××××领域相关国家标准、行业标准、企业标准等技术标准协调。 （3）注重××××方面电网特殊要求及实际技术应用、现场维护检修等方面的经验积累，并考虑主流厂家××××技术动态，保证标准的技术先进性和经济适用性。 （4）注重××××关键技术指标和参数的可证实性，开展××××试验验证，保证标准的科学性和实施可靠性。

3. 与其他标准/文件的关系

本条可包括协调一致性、知识产权说明、宣贯/实施中的保密说明、参考文献四方面内容。第一和第二方面为必备要素。第三和第四方面根据标准的具体情况，如涉及相关内容，则应按照下列要求编写；未涉及，可不写。

（1）协调一致性。简述遵从相关技术领域的国家法律、法规和行业有关规定，与相关国家标准、行业标准、公司技术标准、国际和国外标准的协调性，严于哪些国家标准、行业标准等。表述方式见示例 21-7。

【示例 21-7】

本文件遵从相关技术领域的国家法律、法规和行业有关规定。 本文件在××××方面与同类国家标准 GB/T XXXXX—□□□□《××××》

无矛盾冲突；在××××方面严于 GB/T XXXXX—□□□□《××××》，并在××××方面进行了细化。

本文件在××××方面与同类行业标准 DL/T XXXX—□□□□《××××》无矛盾冲突；在××××方面严于能源行业标准 NB//T XXXX—□□□□《××××》，并在××××方面进行了细化。

本文件在××××方面与同类公司标准 Q/GDW XXXX—□□□□《××××》无矛盾冲突，在××××方面体现了差异化。

本文件在××××方面与同类企业指导性技术文件 Q/GDW/Z XXXX—□□□□《××××》无矛盾冲突，在××××方面体现了差异化。

（2）知识产权说明。如不涉及专利等知识产权，表述方式见示例 21-8。如涉及专利等知识产权，表述方式见示例 21-9。

【示例 21-8】

本文件未涉及知识产权：

——本文件内容中未涉及的专利、著作权等知识产权；

——本文件规范性引用的国内标准化文件中未涉及知识产权；

——本文件规范性引用的国际标准或国外标准未涉及知识产权；

——本文件未采用国际标准或国外标准编制。

【示例 21-9】

本文件的发布机构提请注意，声明符合本文件时涉及以下知识产权的使用：

1） 专利：

专利名称 1（状态：申请/授权/公开）（编号：申请号/授权号/公开号）。

专利名称 2（状态：申请/授权/公开）（编号：申请号/授权号/公开号）。

2） 软件著作权：

软件著作权名称 1（状态：××××）。

软件著作权名称 2（状态：××××）。

3） 商标权：

……

4） 其他知识产权：

……

本文件涉及的知识产权问题已按照《国家电网有限公司技术标准管理办法》的规定披露并处置，相关信息披露和证明材料及实施许可声明已随本文件报批材料归档。

（3）宣贯、实施中的保密说明。如果在标准宣贯、实施和使用中有相关保密要求，表述方式可参照示例 21-10。

【示例 21-10】

本文件宣贯、实施中的保密要求如下：

1）　宣贯：重点是×××××××方面的涉密保护；

2）　实施：已拟定×××××××保密方案。

（4）参考文献。应分别列出标准中的资料性引用文件（见示例 21-11），以及标准制修订过程中较重要的参考文献（见示例 21-12），包括公司级及以上政策文件、标准、论文、论著等。所列文献不应重复规范性引用文件。格式要求应与规范性引用文件清单一致。政策文件格式参照 GB/T 7714。

【示例 21-11】

1）本文件中的资料性引用的文件：

GB 26861　电力安全工作规程 高压实验室部分

GB/T 36572—2018　电力监控系统网络安全防护导则

DL/T 633—1997　农电事故调查统计规程

DL/T 860（所有部分）变电站通信网络和系统

GM/T 0005—2012　随机性检测规范

Q/GDW/Z 461　地区智能电网调度技术支持系统应用功能规范

【示例 21-12】

2）本文件的主要的参考文件：

GB/T 1.1—2020　标准化工作导则　第 1 部分：标准化文件的结构和起草规则

GB/T 1.2—2020　标准化工作导则　第 2 部分：以 ISO/IEC 标准化文件为基础的标准化文件起草规则

IEC/TS 61850-2　电力自动化通信网络和系统　第 2 部分：术语（Communication networks and systems in substations—Part 2：Glossary）

保密〔2015〕3号　中央企业商业秘密安全保护技术指引

国网（办/2）147—2013　国家电网有限公司保护商业秘密规定

4. 主要工作过程

本条应简述项目启动、成立编写组、撰写标准大纲、征求意见稿、送审稿、报批稿等编制的时间节点和主要过程，如有重要意见分歧，应说明具体情况及协调结果。征求意见稿、送审稿、报批稿的相应完成时间不应省略，如有其他相关事宜也应说明。表述方式见示例21-13。

【示例21-13】

20□□年□□月，根据公司技术标准制修订计划，项目启动，……。并应说明本项目下达计划中是否包含关键指标验证要求。

20□□年□□月，成立编写组，成员单位包括××××、××××、××××，具有广泛的代表性，覆盖相关领域各主要方包括××××、××××。

20□□年□□月，完成标准大纲编写，××××组织召开大纲研讨会。*［如有重要意见分歧，应说明具体情况及协调结果］*

20□□年□□月，完成标准征求意见稿编写，采用……方式广泛、多次在……范围内征求意见。*［如有重要意见分歧，应说明具体情况及协调结果］*

20□□年□□月，修改形成标准送审稿。

20□□年□□月，由*［归口工作组/总部业务主管部门/工作组组长部门/秘书处挂靠单位］*组织召开了标准审查会，×××××审查结论为：××××××××。下达计划中包含关键指标验证要求的项目应说明试验验证情况和达到的效果。

20□□年□□月，修改形成标准报批稿，并向×××××提交报批文件。

5. 结构和内容

本条可包含四方面内容：分为部分文件的整体架构说明、修订文件与原文件结构及内容变化的说明、指导性技术文件转化为企业标准结构及内容变化的说明、本文件架构及内容的说明。如涉及相关内容，则应按照以下示例的形式编写；未涉及，则不写。本条内容不应重复列出文件目次，不应重复正文中的内容，本条各方面内容不应交叉重复。

（1）对于分为部分的文件，应说明其预计结构，列出所有已知部分的名称、和编制目的，见示例 21-14。

【示例 21-14】

本文件是 Q/GDW 650—2014 的第 2 部分。Q/GDW 650—2014 拟由以下 X 个部分构成。

——第 1 部分：电能质量监测主站（已发布）。目的是规范××××。

——第 2 部分：电能质量监测装置（已发布）。目的是规范××××。

——第 3 部分：监测终端与主站间通信协议（未发布）。目的是规范××××。

（2）对于修订标准，应针对该标准前言中提及的本文件与原文件主要技术变化，按照示例 21-15 逐项简要说明理由。一项代替多项/多项合为一项/分为部分的标准非一对一修订等情况，参照示例 21-16 编写。

【示例 21-15】

本文件代替 Q/GDW XXXXX—20□□《*[标准名称]*》，与 Q/GDW XXXXX—20□□相比，除结构调整和编辑性改动外，主要技术变化说明如下：

——因/为×××× *[理由]*，增加了××××（见 X.X）；

——因/为×××× *[理由]*，更改了××××（见 X.X，XXXX 年版的 X.X）；

——因/为×××× *[理由]*，删除了××××（见 XXXX 年版的 X.X）。

Q/GDW XXXXX—20XX *[原文件]* 起草单位：××××、××××、××××。

Q/GDW XXXXX—20XX *[原文件]* 主要起草人：×××、×××、×××、×××。

【示例 21-16】

DL/T 575《电力调度控制大厅设计导则》拟由以下 8 个部分构成：

——第 1 部分：术语。术语合集，适用于 DL/T 575 其他各部分。

——第 2 部分：设计原则。修订 DL/T 575.5—1999《控制中心人机工程设计导则　第 5 部分：控制中心设计原则》。

——第 3 部分：电力调度控制套室的布局原则。修订 DL/T 575.6—1999《控制中心人机工程设计导则　第 6 部分：控制中心总体布局原则》。

——第 4 部分：电力调度控制室的布局。修订 DL/T 575.7—1999《控制中心人机工程设计导则　第 7 部分：控制室的布局》。

——第 5 部分：调度控制台的布局和尺寸。修订 DL/T 575.8—1999《控制中心

人机工程设计导则　第 8 部分：工作站的布局和尺寸》。

——第 6 部分：显示系统、控制系统及相互作用。修订 DL/T 575.9—1999《控制中心人机工程设计导则　第 9 部分：显示器、控制器及相互作用》。

——第 7 部分：环境要求原则。修订 DL/T 575.10—1999《控制中心人机工程设计导则　第 10 部分：环境要求原则》。

——第 8 部分：评价原则。修订 DL/T 575.11—1999《控制中心人机工程设计导则　第 10 部分：控制室的评价原则》。

DL/T 575.2—1999《控制中心人机工程设计导则　第 2 部分：视野与视区划分》、DL/T 575.3—1999《控制中心人机工程设计导则　第 3 部分：手可及范围与操作区划分》、DL/T 575.3—1999《控制中心人机工程设计导则　第 4 部分：受限空间尺寸》内容较为冗杂，整合到 DL/T 575 相关部分中作为附录。

DL/T 575.12—1999《控制中心人机工程设计导则　第 12 部分：视觉显示终端（VDT）工作站》的内容已不适于现时技术发展和工程应用需要，即将废止。

（3）指导性技术文件转化为企业标准的，应说明转化前后的主要技术变化，按照示例 21-17 逐项简要说明理由。一项代替多项/多项合为一项等情况，参照修订文件编写。指导性技术文件转化为企业标准的，也应列出原指导性技术文件的起草单位和主要起草人。

【示例 21-17】

本文件代替 Q/GDW/Z XXXXX—□□□□，与 Q/GDW/Z XXXXX—□□□□相比，除结构调整和编辑性改动外，主要技术变化说明如下：

——因/为 XXXXX *[理由]*，增加了××××（见 X.X 和 X.X）；

——因/为 XXXXX *[理由]*，修改了××××（见 X.X 和 X.X）；

——因/为 XXXXX *[理由]*，删除了××××（见 X.X，□□□□版的 X.X）。

Q/GDW/Z XXXXX—20□□ *[原文件]*起草单位：××××、××××、××××。

Q/GDW/Z XXXXX—20□□ *[原文件]*主要起草人：×××、×××、×××、×××。

（4）标准架构及内容说明。本说明的内容中不包含目次、范围、规范性引用文件、术语和定义、符号和缩略语、编制说明。

1）对于名称中包含“技术要求”的标准，可参照示例 21-18 阐述文件各技术要素章的设置思路、结构和主要内容。

【示例 21-18】

本文件为技术要求类标准，对于×××××系统/技术*［文件名称中的标准化对象］*，按照系统构成——功能要求——性能要求的顺序起草。第 5 章中确立×××××系统/技术的构成（包括分系统或组成单元），给出结构示意图，陈述图中各组成部分的特性和作用；第 6 章中按照第 5 章中的组成细分和顺序提出各组成部分的功能要求；第 7 章中顺序提出各组成部分的性能要求。根据需要，文件中还设置了其他技术要素，如××××定义、计算方法等。

本文件的附录 A 为资料性附录，由第 5 章指明，给出了×××××系统/技术的典型应用案例；附录 B 为规范性附录，由第 6 章指明，界定了××××的相关定义。

2）对于试验方法标准，可参照示例 21-19 阐述文件各技术要素章的设置思路、结构和主要内容。此类标准名称中包含“试验”/“检测”/“测定”/“测试”，全文中同义词应仅选用其一，与名称一致。

【示例 21-19】

本文件为试验方法类标准，试验方法是分析方法和测量方法等的总称，试验方法标准在文件形式上具有典型结构。按照 GB/T 1.1—2020 和 GB/T 20001.4《标准编写规则　第 4 部分：试验方法标准》的规定起草，对于×××××系统/设备*［文件名称中的标准化对象］*的试验方法，按照试验条件——仪器设备——被测×××××系统/设备的组成（样品）——试验步骤——试验数据处理——试验报告的顺序编写。

本文件是《×××××》标准的第 3 部分。本文件首先在引言中确定了与本标准的第 2 部分 Q/GDW XXXXX.2—□□□□《×××××　第 2 部分：技术要求》配套使用。本文件第 5 章试验条件中给出了试验对象本身之外可能影响试验结果的因素的限制范围（包括温度、湿度、气压、电源等）；第 6 章列出试验中所使用的仪器设备名称，指明见附录 A 中详述其主要特性要求；第 7 章给出被测×××××××系统/设备的构成，给出结构示意图，陈述图中被测 系统/设备各组成部分/部件（其名称及陈述顺序与配套使用的技术要求文件 GB/T XXXXX—□□□□一致）；第 8 章～第 X 章按照第 7 章中的细分部分和顺序给出试验前准备（被测各组成部分的试验/检测连接等）、步骤，并注明对应技术要求文件的具体/章条号等；第 X+1 章明确试验数据处理；第 X+2 章中给出试验报告。根据需要，文件中还设置了其他技术要素，如试验原理、精密度和测量不确定度等。

3）对于名称中包含“规范”的标准，可参照示例 21-20 阐述文件各技术要素章的设置思路、结构和主要内容。

【示例 21-20】

本文件为规范类标准，在文件形式上具有典型结构，按照 GB/T 1.1—2020 和 GB/T 20001.5《标准编写规则　第 5 部分：规范标准》的规定起草，对于×××××系统/技术 *［文件名称中的标准化对象］*，按照系统构成——技术要求（包括功能和性能要求）——检测方法（包括功能和性能检测）的顺序编写，一脉相承。本文件第 6 章中确立×××××系统/技术的构成（包括分系统或进一步的组成单元），给出结构示意图，陈述图中各组成部分的特性和作用；第 7 章给出系统总体要求；第 8 章按照第 6 章中的细分名称和顺序提出各组成部分的功能要求；第 9 章中顺序提出各组成部分的性能要求；第 10 章给出系统整体检测条件和环境；第 11 章中采用分析方法对于第 8 章中的功能要求一一对应的给出检测方法；第 12 章采用测量方法对于第 9 章中的性能要求一一对应的给出检测方法，文件中给出的试验方法能确保试验结果的准确度在规定的要求范围内。根据需要，文件中还设置了其他技术要素，如试验条件、计算方法等。

本文件的附录 A 为资料性附录，由第 5 章指明，给出了×××××系统/技术的典型应用案例；附录 B 为规范性附录，由第 6 章指明，界定了××××的相关定义。

4）对于产品标准，可参照示例 21-21 阐述文件各技术要素章的设置思路、结构和主要内容。

【示例 21-21】

本文件为产品标准，在文件形式上具有典型结构，按照 GB/T 1.1—2020 和 GB/T 20001.10《标准编写规则　第 10 部分：产品标准》的规定起草，因为文件名为产品名称，所以本文件从第 6 章～第 11 章依次给出了×××××产品的技术指标、取样、试验方法、检验规则、标志和标签及随行文件、包装和运输及贮存等各方面的要求。其中关于结构和内容设置需要特别说明的是××××××。

5）对于由多元素组成的系统或装置，标准编写路径通常是首先根据合理的逻辑关系，给出系统或装置的组成，描述各组成元素的名称及作用，后续按照所描述的元素划分和顺序分章条，逐一给出适度的规定和要求。这一路径的设计、系统组成元素的颗粒度、逻辑关系、描述顺序、各元素的技术要求内容深度等均应作为本条款的主要内容，以便读者深入了解、正确引用和使用。

6. 条文说明

条文说明不应提出任何技术要求，也不应对条文提出补充要求或使条文内涵延伸，条文说明中不使用注或脚注。条文说明中提及正文中的章、条、图、表、数学公式等时，采用“本文件第 X 章中”“本文件 X.X 中”“本文件图 X 中”“本文件表 X 中”“本文件公式（X）中”的表述方式，避免与文件正文中章、条、图、表、数学公式混淆。

应针对具体的章/条，说明其中要求、规定执行中的注意事项，说明指标、参数的主要依据，对严于上级标准的条款，应说明其差异、依据、计算方法、试验方法、出处等，可参见示例 21-22。

如果条文说明内容过多，可根据情况形成资料性附录。

【示例 21-22】

> 本文件第 X 章中，关于计算方法的选择是基于××××××，考虑到××××××，公式中需要说明的是××××××。
>
> 本文件 X.X 中，××技术指标严于 GB/T XXXXX—2018，是因为××××××××，×××见××××××试验验证报告。

7. 终结线

在编制说明之后应有终结线，终结线为居中的粗实线，长度为版心宽的 1/4。终结线后不应再有标准的任何内容。终结线应与文件最后的内容位于同一页，不准许另起一面编排，不准许单独占一页。

在标准全文中，终结线只应出现一次，且应在编制说明之后出现。

第二十二章

知识产权问题的处理方法

GB/T 20003.1《标准制定的特殊程序　第 1 部分：涉及专利的标准》规定了国家标准制修订过程中涉及专利问题的处置要求和特殊程序。为保障公司技术标准制修订工作合法、合规，标准发布后顺利、有效实施，参照 GB/T 20003.1 的规定并结合公司技术标准制修订流程的要求，给出涉及知识产权问题的处理方法。

标准内容中涉及的知识产权问题，包括标准条款和附加信息中涉及的知识产权问题，规范性引用的标准化文件中涉及的知识产权问题，还应特别关注采用/规范性引用国际标准或国外标准时涉及的知识产权问题。在公司技术标准制修订全过程中，各相关单位均应高度重视并合规处置知识产权问题。

未经知识产权拥有人（方）/申请人（方）书面许可，不得将涉及知识产权的内容纳入公司技术标准。如果必须将其技术内容纳入公司技术标准，应提前获得知识产权拥有人（方）/申请人（方）签署的实施许可声明。原则上应获得免费实施许可声明。

在公司技术标准制修订全过程中(包括实施中),发现涉及知识产权的新情况，应尽快按照《国家电网有限公司技术标准管理办法》的规定处置，避免标准实施后发生法律纠纷,在规避法律风险的同时应克服知识产权给标准使用造成的障碍。

各承担单位将自有知识产权纳入公司技术标准时，应严格遵循公平、合理、无歧视原则，签署实施许可声明。

公司技术标准制修订项目第一承担单位在组织公司系统外单位参与公司技术标准制修订工作时，其知识产权的权属、权益、保密要求等应根据上述规定厘清责任，并进行书面约定。

涉及公司秘密的技术，或未申请专利等知识产权的公司专有技术内容不应纳入公司技术标准。

一、起草阶段

（1）识别。在标准起草过程中，编写组成员应尽早披露自己及其所在单位拥有的、在此标准中涉及的知识产权，宜尽早披露其所知悉的他人（方）拥有的、在此标准中涉及的知识产权。鼓励非工作组的个人或组织披露其所拥有或知悉的标准所涉及的知识产权。

（2）披露。在标准制修订过程中的任何阶段，一旦识别出标准的技术内容涉及知识产权，编写组应敦促知识产权拥有人（方）[简称拥有人（方）] 披露知识产权信息，填写知识产权信息披露文件，连同相关证明材料一起提交归口工作组。

（3）实施许可声明。编写组牵头单位应在获知知识产权信息后应及时联系拥有人（方），并获取其书面实施许可声明。拥有人在填写知识产权实施许可声明时，应同意在公平、合理、无歧视基础上，免费许可任何组织或个人在实施该标准时实施知识产权。

以上实施许可声明文件一经提交就不可撤销，直到该标准的相关内容由于标准修订而对于该标准的实施不再必要；或后提交的实施许可声明对标准实施方更宽松、更优惠。

拥有人（方）转移或转让该知识产权时，应事先告知受让方实施许可声明的内容，并保证受让人同意受其约束。拥有人（方）应及时将相关必要信息通知标准归口单位，这些信息包括但不限于知识产权申请被驳回、撤回、视为撤回、视为放弃或恢复，知识产权无效、终止或恢复等。

（4）处理方法。如果拥有人（方）未签署实施许可声明，即不同意任何组织或个人在实施该标准时免费实施专利，则该标准不应包含基于此项知识产权相关内容的条款。

二、审查阶段

编写组向归口工作组提交的标准送审材料中，应包括知识产权信息披露表及其证明材料、已签署的知识产权实施许可声明。

标准审查会在对涉及知识产权的标准送审稿进行审查的过程中，审查内容至少应包括：

（1）知识产权的相关送审材料是否完备。

（2）知识产权的相关技术内容与标准内容是否吻合。

（3）是否按照规定的流程和方法处置，是否有遗留问题及解决方案。

（4）给出相关审查意见。

三、批准阶段

归口工作组向国网科技部提供的涉及知识产权的标准报批材料中，应包括知识产权信息披露表及其证明材料［见第二十二章第一条（2）］、已签署的知识产权实施许可声明、编制说明中的相关信息、相关审查意见。

四、实施阶段

在公司技术标准发布后实施过程中，发现涉及知识产权的新问题，归口工作组应协助编写组在规定时间内获取符合规定的知识产权相关证明材料和实施许可声明。未能在规定时间内获得完备材料，国网科技部可以视情况暂停实施该标准，直至材料完备，或组织复审后纳入修订计划。

五、技术标准制修订会议要求

在公司技术标准制修订过程中的每次会议期间，会议主持人应至少做到：

（1）提醒参会者慎重考虑标准稿是否涉及知识产权。

（2）通告标准稿涉及知识产权情况。

（3）询问参会者是否知悉标准稿涉及的尚未披露的知识产权。

（4）将以上结果记录在会议纪要中。

（5）在标准工作组讨论稿、征求意见稿和送审稿的封面显著位置，应按照规定给出征集标准是否涉及专利的信息：“在提交反馈意见时，请将您知道的相关专利及其他知识产权信息连同支持性文件一并附上。”

附录 A　标准中表述条款使用的能愿动词或句型

标准中的条款类型分为要求、指示、推荐、允许和陈述。

标准中的条款按照不同的类型，应分别使用表 A.1～表 A.7 中的能愿动词或句型（包括否定形式），只有在特殊情况下由于语言的原因不能使用左侧栏中给出的能愿动词时，才可使用对应的等效表述。

（1）要求。表示需要满足的要求应使用表 A.1 所示的能愿动词。

表 A.1　要　　求

能愿动词	在特殊情况下使用的等效表述
应	应该 只准许
不应	不应该 不准许
不使用“必须”作为“应”的替代词，以避免将标准的要求与外部约束相混淆 不使用“不可”“不得”“禁止”代替“不应”来表示禁止 不应使用诸如“应足够坚固”“应较为便捷”等定性的要求	

（2）指示。在规程或试验方法中表示直接的指示，例如需要履行的行动、采取的步骤等，应使用表 A.2 所示的祈使句。

表 A.2　指　　示

句型	典型表述用词
祈使句	—
例如：“开启记录仪。”“在……之前不启动该机械装置。”	

（3）推荐。表示推荐或指导应使用表 A.3 所示的能愿动词，其中肯定形式用来表达建议的可能选择或认为特别适合的行动步骤，无须提及或排除其他可能性；否定形式用来表达某种可能选择或行动步骤不是首选的但也不是禁止的。

表 A.3　推　　荐

能愿动词	在特殊情况下使用的等效表述
宜	推荐 建议
不宜	不推荐 不建议

（4）允许。表示允许应使用表 A.4 所示的能愿动词。应注意“不可”在通常意义上所表达的是“不应”“不准许”“不得”的意思，而表 A.1 中要求，不使用“不可”代替“不应”表示禁止，例如：“4.1.1　装置不可浸水。”改为“4.1.1　装置不得浸水。”符合其要求的本意。

表 A.4　允　　许

能愿动词	在特殊情况下使用的等效表述
可	可以 允许
不必	可以不 无须
在这种情况下，不使用“能”“可能”代替“可” 注：“可”是标准表达的允许，而“能”指主、客观原因导致的能力，“可能”指主、客观原因导致的可能性。	

（5）陈述。表示需要去做或完成指定事项的才能、适应性或特性等能力应使用表 A.5 所示的能愿动词。例如：“继电保护定值在线校核及预警是离线整定计算的补充、完善，能对电网实时运行、检修计划等工作提供技术支撑。”

表 A.5　能　　力

能愿动词	在特殊情况下使用的等效表述
能	能够
不能	不能够
在这种情况下，不使用“可”“可能”代替“能” 见表 A.4 的注	

表示预期的或可想到的物质、生理或因果关系导致的结果应使用表A.6所示的能愿动词。

表A.6 可 能 性

能愿动词	在特殊情况下使用的等效表述
可能	有可能
不可能	没有可能
在这种情况下，不使用“可”“能”代替“可能” 见表A.4的注	

一般性陈述的表述应使用陈述句，见表A.7。

表A.7 一 般 性 陈 述

句型	典型表述用词
陈述句	是、为、由、给出等
例如：“章是文件层次划分的基本单元”“再下方为附录标题”“文件名称由尽可能短的几种元素组成”“封面这一要素用来给出标明文件的信息”	

附录 B　标准中的字号和字体

公司技术标准封面分区图见图 5-1。标准中的字号和字体要求见表 B.1。

表 B.1　公司技术标准中的字号和字体

序号	层次、要素及表述	位置	文字内容	字号和字体
1	封面	上部第一行	ICS 号	五号黑体
		上部第二行	CCS 号	五号黑体
		上部第三行	标准代号（Q/GDW）	专用美术体字
		上部第四行	国家电网有限公司企业标准 或国家电网有限公司指导性技术文件	专用字
		上部第五行	标准编号	四号黑体
		上部第六行	代替标准编号	五号黑体
		中部第一行	标准中文名称（可分成上下多行）	一号黑体
		中部第二行	标准名称的英文译名	四号黑体
		中部第三行	与国际标准一致性程度的标识	四号黑体
		中部第四行	标准版本信息	四号黑体
		下部第一行	发布日期、实施日期	四号黑体
		下部第二行	国家电网有限公司	专用字
		下部第二行	发布	四号黑体
2	目次	第一行	目次	三号黑体
		其他各行	目次内容	五号宋体
3	前言	第一行	前言	三号黑体
		其他各行	前言内容	五号宋体
4	正文首页	第一行	标准中文名称（可分成上下多行）	三号黑体
5	层次	各页	章、条的编号和标题	五号黑体
			条文、段	五号宋体
			列项	五号宋体

表 B.1　公司技术标准中的字号和字体　　　　续表

序号	层次、要素及表述	位置	文字内容	字号和字体
6	术语条目	第一行	条目编号	五号黑体
		第二行	术语、英文对应词	五号黑体
		其他各行	定义	五号宋体
7	来源	各页	来源全文	五号宋体
8	图、表	各页	图编号、图题；表编号、表题	五号黑体
			分图编号、分图题	小五号黑体
			图、表右上方关于单位的陈述	小五号宋体
			续图、续表的“（续）”“（第#页/共*页）”	五号宋体
			图中的数字和文字	六号宋体
			表中的数字和文字	小五号宋体
			图、表中的说明	小五号宋体
9	注	各页	标明注的“注：”“注 X：”	小五号黑体
			注的内容	小五号宋体
10	脚注	各页	脚注编号，脚注、图脚注、 表脚注的内容	小五号宋体
11	示例	各页	标明示例的“示例：”“示例 X：”	小五号黑体
			示例内容	小五号宋体
12	附录	第一行	附录编号	五号黑体
		第二行	（规范性）、（资料性）	五号黑体
		第三行	附录标题	五号黑体
		各页	条的编号和标题	五号黑体
		其他各行	附录内容	五号宋体
13	索引	第一行	索引	五号黑体
		其他各行	索引内容	五号宋体
14	编制说明封面	第 1～10 行	空白	五号
		第 11 行	空白 或标准中文名称占双行的首行	五号 或二号黑体

表 B.1　公司技术标准中的字号和字体　　续表

序号	层次、要素及表述	位置	文字内容	字号和字体
14	编制说明封面	第 12 行	标准中文名称	二号黑体
		第 13～14 行	空白	五号
		第 15 行	编制说明	四号黑体
15	编制说明目次	第一行	目次	三号黑体
		其他各行	目次内容	五号宋体
16	编制说明正文	各页	条的编号和标题	五号黑体
		各页	编制说明内容	五号宋体
17	封底	右上角	标准编号	四号黑体
18	单数页	书眉右侧	标准编号	五号黑体
		右下角	页码	小五号宋体
19	双数页	书眉左侧	标准编号	五号黑体
		左下角	页码	小五号宋体

附录C　技术标准全文编排释义

【标准化文件的称谓：按照 GB/T 1.1—2020 的规定，本书附录 C 和附录 D 全文（包括所有说明及示例）内容中采用“本文件”统一自称标准、分为部分的标准的某个部分、指导性技术文件、分为部分的指导性技术文件的某个部分。分为部分的标准/指导性技术文件中的某个部分，如 Q/GDW 1871.1，需要称呼其所在的、含所有部分的标准/指导性技术文件时，应表述为：Q/GDW 1871。】

ICS 29.240.01
CCS F21

国 家 电 网 有 限 公 司 企 业 标 准

Q/GDW XXXXX—20□□

中文名称

英文译名

【标准名称是对所覆盖主题的清晰、简明、无歧义的描述，使之易于与其他标准相区分。但不应涉及不必要的细节［可在范围中展开］。

标准名称为“××××规范/技术规范”，其必备要素包括“要求”和“证实方法”，每项“要求”都应有相应的“证实方法”，而且先后次序对应。“要求”和“证实方法”也可以是一项规范标准的两个部分，如“××××技术规范 第1部分：技术要求”“××××技术规范 第2部分：证实方法/检测方法/测试要求”。或是两项互为配套的标准，一项名为“××××产品/系统/装置［标准名称一致］××××技术要求”，另一项名为“××××产品/系统/装置［标准名称一致］××××证实方法/检测方法/测试要求”。

单独标准的英文译名各元素的第一个字母大写，其余字母小写，见示例1。分为部分的标准的英文名称，各元素之间应有一字线形式的连接号，见示例2。

示例1：单独标准的英文名称。

Rules for the structure and drafting of standardizing documents

示例2：分为部分的标准某部分的英文名称。

Directives for standardization—Part 1: Rules for the structure and drafting of standardizing documents】

20□□-□□-□□发布　　20□□-□□-□□实施

国家电网有限公司　发布

目　　次

【目次中应列出前言、章，可列出第一层次条，必要时，也可列出第二层次条。提取到目次中的条，都应为有标题条，不应为无标题条。不建议在目次中列出第三层次甚至更低层次的条，列入目次中的章和条应能够让使用者概要性地了解标准的所有核心要素，否则编写组应重新考虑标准的整体章条结构。

目次中不应包含目次本身、标准名称等。

目次中不应列出“术语和定义”中的条目编号和术语。但可列出术语分类条号。

附录的层次是章，附录的目次应给出附录编号，后跟“（规范性）”或“（资料性）”，空一个汉字的间隙后给出附录标题。如果不是确有必要，目次中不列出附录中的条。

目次中可包含图的目次，首图目次行前应有一空行；可包含表的目次，首表目次行前应有一空行。目次中若同时有图和表的目次，则应先列图的目次，再列表的目次。若同时有索引、图和表的目次，列出次序应为索引、图、表。目次的最后一项应为编制说明封面页的目次，目次中包含图或表的目次时，编制说明目次行前应有一空行；若无图或者表的目次，则编制说明目次行前无空行。

从目次到前言的页码为罗马数字，从 I、II……开始连续编排。从正文首页到终结线所在页的页码为阿拉伯数字，从 1、2……开始连续编排。目次中的页码应与正文中保持一致，电子文本应采用模板自动生成目次，并适时更新。

目次页最上方“目次”两字居中，两字之间有两个汉字的间隙；章、条、图、表的目次应给出编号，空一个汉字的间隙后给出完整的标题，章编号与章标题、条编号与条标题、图编号与图题、表编号与表题、附录的作用与附录标题之间均应有一个汉字的间隙；除此之外，目次中任意两字之间都不应再有间隙。

目次中所列的前言、章、条、附录、索引、图、表、编制说明等目次均应顶格起排，第一层次条的目次应缩进 1 个汉字［2 个英文字符］起排，第二层次条应缩进 2 个汉字［4 个英文字符］起排，依此类推。

前言、各类标题［章、条、附录、索引、图、表］、编制说明与页码之间均由“……”连接，页码不加括号、下划线等。

公司技术标准中不设置引言、参考文献，有关内容写入编制说明。】

前　　言

本文件依据 GB/T 1.1—2020《标准化工作导则　第 1 部分：标准化文件的结构和起草规则》的要求，按照《国家电网有限公司技术标准管理办法》的规定起草。

【前言的第一段是必备的，给出本文件起草所依据的基础标准和公司管理文件。

接着可视情况依次分段给出下列信息：

（1）对于分为部分的标准，在每一个部分的前言中，均应说明本文件为第 X 部分，并给出已发布的部分［包括本文件］的名称，合规的表述见示例 1。

***示例 1：**分为部分的标准在其每个部分的前言中应给出关于标准已发布结构的表述。*

本文件是 Q/GDW XXXXX《[标准名称]》的第 X 部分。Q/GDW XXXXX 已经发布了以下部分：［未发布的结构内容写入编制说明］

——第 1 部分：××××［第 1 部分的名称］；

——第 2 部分：××××［第 2 部分的名称］；

……

——第 X 部分：××××［第 X 部分的名称］。

（2）对于每一项修订的标准或部分，均应在的前言中说明本文件与被代替文件的关系，给出被代替的所有文件的编号和名称；列出与前一版本相比的主要技术变化（具体到章条），合规的表述见示例 2～示例 6。

***示例 2：**一项单独标准代替一项单独标准。*

本文件代替 Q/GDW XXXXX—20□□《[被代替标准名称]》，与 Q/GDW XXXXX—20□□相比，除结构调整和编辑性改动外，主要技术变化如下：

a）增加了×××××××××（见 X.X）；［括号中应列出本文件增加内容的对应章条号］

b）删除了×××××××××（见□□□□年版的 X.X）；［括号中应列出被代替文件被删除内容的对应章条号］

c）更改了×××××××××（见 X.X，□□□□年版的 X.X）。［括号中应先列出本文件更改内容的对应章条号，逗号后列出被代替文件被更改内容的对应章条号］

***示例 3：**一项单独标准代替多项单独标准，而以某一项被代替标准为主，则可说明情况后，针对被代替的主要标准给出主要技术性差异。*

本文件代替 Q/GDW XXXXX—20□□［被代替标准 1 编号］《［被代替标准 1 名称］》、Q/GDW XXXXX—20□□［被代替标准 2 编号］《［被代替标准 2 名称］》和 Q/GDW/Z XXXXX—20□□［被代替标准 3 编号］《［被代替标准 3 名称］》，以 Q/GDW XXXXX—20□□［被代替标准 1 编号］为主，整合了 Q/GDW XXXXX—20□□［被代替标准 2 编号］和 Q/GDW/Z XXXXX—20□□［被代替标准 3 编号］的部分内容，本文件与 Q/GDW XXXXX—20□□［被代替标准 1 编号］相比，除结构调整和编辑性改动外，主要技术变化如下：

a）增加了××××××××（见 X.X）；

b）删除了××××××××（见□□□□年版的 X.X）；

c）更改了××××××××（见 X.X，□□□□年版的 X.X）。

***示例 4：**一项单独标准代替多项单独标准，而又不以某一个被代替标准为主，则应逐个给出主要技术性差异。*

本文件代替 Q/GDW XXXXX—20□□［被代替标准 1 编号］《［被代替标准 1 名称］》、Q/GDW XXXXX—20□□［被代替标准 2 编号］《［被代替标准 2 名称］》和 Q/GDW/Z XXXXX—20□□［被代替标准 3 编号］《［被代替标准 3 名称］》，与 Q/GDW XXXXX—20□□［被代替标准 1 编号］相比，除结构调整和编辑性改动外，主要技术变化如下：

a）增加了××××××××（见 X.X）；

b）删除了××××××××（见□□□□年版的 X.X）；

c）更改了××××××××（见 X.X，□□□□年版的 X.X）。

与 Q/GDW XXXXX—20□□［被代替标准 2 编号］相比，除结构调整和编辑性改动外，主要技术变化如下：

a）增加了××××××××（见 X.X）；

b）删除了××××××××（见□□□□年版的 X.X）；

c）更改了××××××××（见 X.X，□□□□年版的 X.X）。

与 Q/GDW XXXXX/Z—20□□［被代替标准 3 编号］相比，除结构调整和编辑性改动外，主要技术变化如下：

a）增加了××××××××（见 X.X）；

b）删除了××××××××（见□□□□年版的 X.X）；

c）更改了××××××××（见 X.X，□□□□年版的 X.X）。

***示例 5：**多项单独标准或一项标准的多个部分合并修订为一项单独标准，类同一项单独标准代替多项单独标准，可以逐个给出主要技术性差异，也可以合并比较。*

本文件合并 Q/GDW XXXXX—□□□□《××××》的两个部分 Q/GDW XXXXX.1—□□□□《××××　第 1 部分：××××》和 Q/GDW XXXXX.2—□□□□《××××　第 2 部分：×××

×》，除根据需要整合结构和编辑性改动外，主要技术变化如下：

a） 增加了×××××××××（见 X.X）；

b） 删除了×××××××××（见 Q/GDW XXXXX.1—□□□□年版的 X.X）；

c） 更改了×××××××××（见 X.X，Q/GDW XXXXX.1—□□□□年版的 X.X）；

d） 删除了×××××××××（见 Q/GDW XXXXX.2—□□□□年版的 X.X）；

e） 更改了×××××××××（见 X.X，Q/GDW XXXXX.2—□□□□年版的 X.X）。

***示例 6：** 一项单独标准被拆分为一项分为部分的标准，其中某个部分合规的表述。*

本文件代替 Q/GDW XXXXX—20□□《被代替标准名称》中的 XXX 方面的相关内容［列出被代替标准相应内容的章条号］，与 Q/GDW XXXXX—20□□［被代替标准］对应内容相比，除结构调整和编辑性改动外，主要技术变化如下：

a） 增加了×××××××××（见 X.X）；

b） 更改了×××××××××（见 X.X，Q/GDW XXXXX—20□□［被代替标准］的 X.X）；

c） 删除了×××××××××（见 Q/GDW XXXXX—20□□［被代替标准］的 X.X）。】

本文件由【*总部报批部门的规范全称*】提出并解释。

本文件由国家电网有限公司科技创新部归口。

本文件起草单位：××××、××××、××××。

本文件主要起草人：×××、×××、×××。

本文件首次发布。

【*修订标准应视版本情况参照以下表述［其中时间信息应与对应版本发布稿封面上的发布时间一致］：*

本文件及其所代替文件的历次版本发布情况为：

——□□□□年□□月首次发布；

——□□□□年□□月第一次修订；

——本次为第二次修订。】

本文件在执行过程中的意见或建议反馈至国家电网有限公司科技创新部。

标准中文名称

1　范围*【固定编号和标题的必备章】*

本文件规定了××××、×××、×××××××××。

本文件适用于×××××××××。

【范围的第一段是标准的内容提要，见示例1～示例4。

应适当组织标准各主题章的标题，作为标准全文的内容提要，可根据需要选用下列六种表述形式［这六种表述并不都是必需的，应根据主题章的标题选取以下固定搭配，在表述准确、无歧义、语句通顺的同时，应尽可能地言简意赅］：

（1）“本文件规定了×××××××××的要求/特性/尺寸/指示”。

（2）“本文件确立了×××××××××的程序/体系/系统/总体原则”。

（3）“本文件描述了×××××××××的方法/路径”。

（4）“本文件提供了×××××××××的指导/指南/建议”。

（5）“本文件给出了×××××××××的信息/说明”。

（6）“本文件界定了×××××××××的术语/符号/界限”。

上述几种表述方式中的“×××××××××”宜代入“主题章标题1、主题章标题2、……、主题章标题X”。

所有主题章的内容提要均应列入范围的第一段，避免采用“……等要求”“……以及其他要求”等省略说法。

主题章不包括封面、目次、前言、范围、规范性引用文件、术语和定义、符号和缩略语、附录、索引。

***示例1**：某现行标准示例。*

> *1　范围*
>
> *本文件规定了高压开关柜通用设备的使用条件、技术参数、接口要求和检测方法。*

该标准的目次如下：

目　次

示例2：标准名称为“××××系统技术规范”的范围第一段示例。

“本文件规定了……的系统构成、技术要求、检测方法、检验规则。”

示例3：标准名称为“××××装置技术要求”的范围第一段示例。

“本文件规定了××××装置的分类与命名、技术要求。”

示例4：标准名称为“[产品名称]”的范围第一段示例。

“本文件规定了［产品名称］的分类与命名、技术要求、取样、检测方法、检验规则、标志和标签、随行文件、包装运输和贮存。”】

【范围的第二段给出标准的适用界限，应使用下列适当的表述形式：

（1）“本文件适用于×××××××××××。”［必备］

（2）“本文件不适用于×××××××××。”［可选］

“本文件适用于××××××××”给出的适用范围应与标准名称及内容一致，并便于使用者理解。可从以下几方面综合考虑，进行有意义、无歧义的准确表述：

（1）适用于公司业务流程中的某一个或几个环节，如规划、勘测、设计、建设、运行、检修、营销……

（2）适用于电网的某一个或几个部分，如输电、配电、变电、供电……

（3）适用于电网的某一个或几个电压等级。

（4）适用于电网设备的整体，或某一个或几个部件。

（5）适用于某个产品生命周期的某一个或几个阶段，如设计、研发、制造、安装、检测、验收、运行、维护……

（6）适用于某个产品的某一个或几个型号。

（7）适合公司某一个或几个岗位（人员）实施。

范围中应使用陈述型条款，不应包含要求（应）、指示、推荐（宜）和允许（可）型条款。

范围中允许的表述形式：条文、表。

***示例：**产品标准。*

本文件适用于表 1 所列的系统硬件产品和表 2 所列的系统软件产品的设计、研发、鉴定、生产、检测和检验。

表 1　适用硬件产品列表

序号	产品名称	产品型号	备注
1	单相智能电能表	XXXX	—
2	三相智能电能表	XXXX	—

表 2　适用软件产品列表

序号	产品名称	产品型号	版本号
1	电网自动化调度系统	XXXX	V1.0
2	电网自动化调度系统	XXXX	V2.0

】

2　规范性引用文件*【固定编号和标题的必备章】*

下列文件中的内容通过文中的规范性引用而构成本文件必不可少的条款。其中，注日期的引用文件，仅该日期对应的版本适用于本文件；不注日期的引用文件，其最新版本（包括所有的修改单）适用于本文件。

【上述引导语不可做任何改动，使用编写模板可自动生成】

【规范性引用文件清单应按照下述唯一的规定顺序编排】

国家标准*【按标准顺序号从小到大，不分 GB 或 GB/T，其实施效力［GB 或 GB/T］应在国家标准全文公开系统上核实】*

行业标准*【先按标准代号的英文字母顺序排列［第一个字母相同的则按照第二个字母的顺序排列］，再按标准顺序号从小到大排列】*

团体标准*【只能引用列入公司技术标准体系中的团体标准。团体标准先按“T/”之后的标准代号的英文字母顺序排列，再按标准顺序号从小到大排列；没有“T/”的则先按标准代号的英文字母顺序排列，再按标准顺序号从小到大排列】*

国家电网有限公司企业标准*【按标准顺序号从小到大排列】*

ISO、ISO/IEC 或 IEC 标准*【先按 ISO、ISO/IEC 或 IEC 的顺序分类排序，再按标准顺*

序号从小到大排列，并应顺序给出标准的“代号”、“顺序号”、“年份号”[可选]、“中文译名”、“原文英文名称”】

其他国际机构或组织的标准化文件*【先按标准代号的英文字母顺序排列，再按标准顺序号从小到大排列，并顺序给出标准的“代号”、“顺序号”、“年份号”[可选]、“中文译名”、“原文英文名称”】*

其他国内外文献*【先国内，后国外，形式遵从 GB/T 7714】*

【示例 1：规范性引用文件清单编排示例。

GB/T 1000—2016　高压线路针式瓷绝缘子尺寸与特性

GB 3100　国际单位制及其应用

GB/T 4728.1～4728.4—2018　电气简图用图形符号 [注日期的引用文件的所有部分，当所有部分为同一年发布时，给出“第 1 部分的文件代号和顺序号”“～”（连接号）、“最后部分的文件代号和顺序号”，然后给出年份号以及引用文件的名称，即各部分标准名的引导要素（如有）和主体要素。如果所有部分不是同一年发布的，则需要分别列出每个部分。]

GB/T 31464　电网运行准则

GB/T 33590.2—2017　智能电网调度控制系统技术规范　第 2 部分：术语

GB/T 36572—2018　电力监控系统网络安全防护导则

DL/T 587　继电保护和安全自动装置运行管理规程

DL/T 860（所有部分）　电力自动化通信网络和系统（IEC 61850，IDT）

GM/T 0055—2018　电子文件密码应用技术规范

NB/T 31002　风力发电场监控系统通信-原则与模式

NB/T 33002　电动汽车交流充电桩技术条件

YD/T 3615—2019　5G 移动通信网核心网总体技术要求

Q/GDW 10485—2018　国家电网公司电动汽车交流充电桩技术条件

ISO 80000-1:2009　量和单位　第 1 部分：总则（Quantities Part 1:General）

ISO/IEC 17025:2017　检测和校准实验室能力的通用要求（General requirements for the competence of testing and calibration laboratories）

IEC 60027（所有部分）　电工技术用文字符号（Letter symbols to be used in electrical technology）

RFC 3261:2002　SIP 概括　会话初始协议(Session Initiation Protocal, SIP)

IEEE C37.94:2017　远程保护和数字复接设备间的 N×64kbps 光纤接口（N times 64 kbps

Optical Fiber Interfaces between Teleprotection and Multiplexer Equipment）

[为增强模板的示范性，第 2 章中列入的规范性引用文件与本文件规范性要素中的引用文件不完全对应。国内政策性文件默认应遵循，不列入规范性引用文件。]

“规范性引用文件”章是必备章，由引导语和文件清单构成。该要素应设置为标准的第 2 章，且不应分条。标准正文规范性要素和规范性附录中所有规范性引用文件，无论注日期，或是不注日期，均应在“规范性引用文件”中列出。

如果不存在规范性引用文件，应在章标题下给出以下说明：

“本文件没有规范性引用文件。”

示例 2： 没有规范性引用文件。

2　规范性引用文件 本文件没有规范性引用文件。

规范性引用文件是标准中以下列表述形式提及的文件：

（1）任何标准中，由要求型或指示型条款提及的文件。

示例 3： 应符合 GB/T XXXXX（所有部分）的相关要求。

（2）规范标准中，由“按”或“按照”提及的检测方法类文件。

示例 4： 按照 GB/T XXXXX—2017 中 5.1 规定的测试程序。

（3）指南标准中，由推荐型条款提及的文件。

示例 5： 宜在符合 GB/T XXXXX 的不锈钢族中选用。

（4）任何文件中，在“术语和定义”中由引导语提及的文件。

示例 6： GB/T XXXXX—2020 界定的术语和定义适用于本文件。】

【规范性引用文件可以注日期引用［带年份号］，也可以不注日期引用［不带年份号］。同一文件是否注日期引用在全文的规范性引用中应一致：

（1）注日期的引用文件，给出“文件代号、顺序号及其发布年份号”以及“标准名称”。注日期引用意味着被引用文件的指定版本适用。凡不能确定是否能够接受被引用文件将来的所有变化，或者提及了被引用文件中的章、条、列项、图、表、数学公式或附录的编号，均应注日期。

（2）不注日期的引用文件，给出“文件代号、顺序号”以及“标准名称”。不注日期引用意味着被引用文件的最新版本（包括所有的修改单）适用。凡能够接受所引用内容将来的所有变化，并且引用了完整的文件，或者未提及被引用文件具体内容的编号，才可不注日期。

注：对于不注日期的引用文件，如果最新版本未包含所引用的内容，那么包含了所引用内容的最后版本适用。

当引用一个分为部分的标准（如 DL/T 860）的所有部分时，应在标准顺序号之后标明“(所有部分)”。表述方式如下：

“……符合 DL/T 860（所有部分）中的规定。”

规范性引用文件清单中需要列出某分为部分的标准的所有部分时，应表述为：“Q/GDW 1871（所有部分） 国家电网通信管理系统技术基础”。[“国家电网通信管理系统技术基础”是分为部分的标准 Q/GDW 1871 各部分名称的主体部分，这里不应包括各部分名称的补充部分]

示例 7：注日期/不注日期规范性引用标准的示例。

规范性引用文件清单中列出的文件：

GB/T 6067.1—2010 起重机械安全规程 第 1 部分：总则

DL/T 860（所有部分） 变电站内通信网络和系统（IEC 61850，IDT）[在采标标准中规范性引用采标标准，应在其后的括号中给出其与原文标准的一致性程度]

……

该标准中有关规范性引用的条款：

GB/T 6067.1—2010 界定的以及下列术语和定义适用于本文件。

……

7.1.2 起重机械的金属结构检查应符合 GB/T 6067.1—2010 第 3 章的要求。

……

9.2.6 变电站内通信应符合 DL/T 860（所有部分）的相关要求。】

【规范性引用文件中所列文件均应空两个汉字起排，回行时顶格编排，文件之前不加序号，文件之后不加标点符号。所列出的文件代号与文件顺序号之间应空半个汉字的间隙，文件顺序号与文件名称之间应空一个汉字的间隙，顺序号与年份号之间为一字线形式的连接号。

起草标准时不应规范性引用：

1） 不能公开获得的文件，例如 GJB(国家军用标准)。公开获得指任何使用者能够免费获得，或在合理和无歧视的商业条款下能够获得。

2） 已被代替或废止的文件。

3） 国家标准化指导性技术文件（如 GB/Z）、行业标准化指导性技术文件（如 DL/Z）、公司指导性技术文件（如 Q/GDW/Z）、公司文件及其他级别低于本标准的文件、国际技术报告（如

IEC TR)、国际研讨会协议(如ISO IWA)等。

4)　论文、论著。

5)　起草标准时不应规范性引用法律法规、规章制度和其他政策性文件，也不应普遍性要求符合法规或政策性文件的条款[标准使用者无论是否声明符合标准，均应遵从]。诸如“……应符合国家有关法律法规”的表述是不正确的。对法律法规的引用要求见第九章第一条(16)。】

3　术语和定义*【固定编号和标题的必备章】*

GB/T 1.1—2020界定的以及下列术语和定义适用于本文件。*【引导语】*

3.1　文件*【术语分类条编号及条标题，可以提取目次】*

3.1.1

标准化文件　standardizing document

通过标准化活动制定的文件。

[来源：GB/T 1.1—2020，3.1.1]

3.1.2

标准　standard

通过标准化活动，按照规定的程序经协商一致制定，为各种活动或其结果提供规则、指南或特性，供共同使用和重复使用的文件。

[来源：GB/T 1.1—2020，3.1.2]

3.2　文件的表述*【术语分类条编号及条标题，可以提取目次】*

3.2.1

条款　provision

在文件中表达应用该文件需要遵守、符合、理解或做出选择的表述。

[来源：GB/T 1.1—2020，3.3.1]

3.2.2

要求　requirement

表达声明符合该文件需要满足的客观可证实的准则，并且不准许存在偏差的条款(3.3.1)。

[来源：GB/T 1.1—2020，3.3.2]

【定义 3.3.2 中包含了本文件已定义的术语 3.3.1】

3.2.3

推荐 recommendation

表达建议或指导的条款（3.3.1）。

[来源：GB/T 1.1—2020，3.3.4]

【如果确有必要抄录其他文件中的少量术语条目，应在抄录的术语条目之下准确标明来源】

3.2.4

陈述 statement

阐述事实或表达信息的条款（3.3.1）。

[来源：GB/T 20000.1—2014，9.2，有修改]

【当需要改写所抄录的术语条目中的定义时，应在标明来源处予以指明】

3.3 **物理量** *【术语分类条编号及条标题，可以提取目次】*

3.3.1

电阻 Resistance

R [IEC+ISO]

（直流电）在导体中若没有电动势时，用电流除电位差。

注：电阻的单位为欧姆。

【术语中包含符号和/或缩略语［且符号来自国际权威组织］，注意其中英文对应词的首字母大写】

【“术语和定义”是必备章，应设置为标准的第 3 章，由引导语和术语条目构成。

引导语根据术语和定义的具体情况，可以选用下列适当的表述形式：

“下列术语和定义适用于本文件。”［如果仅本章界定的术语和定义适用时］

“……界定的术语和定义适用于本文件。”［如果仅其他文件中界定的术语和定义适用时］

“……界定的以及下列术语和定义适用于本文件。”［如果其他文件以及本章界定的术语和定义适用时］

如果没有需要界定的术语和定义，应在章标题下给出以下说明：

“本文件没有需要界定的术语和定义。”

术语应同时符合下列条件：

（1） 标准中至少使用两次。

（2）　专业的使用者在不同语境中理解不一致。

（3）　尚无定义或需要改写已有定义。

（4）　属于标准范围所限定的领域内。

每个术语条目中应依次给出：[次序固定，不可改变]

（1）　条目编号。[必备，术语的条目编号不是条编号]

（2）　术语。[必备]

（3）　英文对应词。[必备]

（4）　符号和/或缩略语。[可选]

（5）　术语的定义。[必备，定义的表述宜能在上下文中代替其术语]

（6）　概念的其他表述形式（如图、数学公式等）。[可选]

（7）　示例。[可选]

（8）　注。[可选]

（9）　来源。[可选，可改写已标准化的定义]

（10）其他。[可选]

术语条目宜按照概念层级分类和编排，为了分类可以细分为条，每条应给出条标题。如果无法或无须分类可按术语的汉语拼音字母顺序编排。术语条目不应编排成表的形式。

示例1：分类编排术语条目。

3.1　标准化

3.1.1

企业标准化　enterprise standardization

为在企业的生产、经营、管理范围内获得最佳秩序，对实际的或潜在问题制定共同使用和重复使用规则的活动。

[来源：GB/T 15496—2003，3.3]

3.2　文件

3.2.1

标准化文件　standardizing document

通过标准化活动制定的文件。

[来源：GB/T 20000.1—2014，5.2]

……

示例 2：不分类编排术语条目。[如果无法或无须分类可按术语的汉语拼音字母顺序编排。]

> *3.1*
>
> ***标准化文件*** *standardizing document*
>
> *通过标准化活动制定的文件。*
>
> *[来源：GB/T 20000.1—2014，5.2]*
>
> *3.2*
>
> ***企业标准化*** *enterprise standardization*
>
> *为在企业的生产、经营、管理范围内获得最佳秩序，对实际的或潜在问题制定共同使用和重复使用规则的活动。*
>
> *[来源：GB/T 15496—2003，3.3]*

示例 3：错误的定义。

> *3.1*
>
> ***标准化文件*** *standardizing document*
>
> *标准化文件是指通过标准化活动制定的文件。[应删去“标准化文件是指”]*

】

4 符号和缩略语【*可选章*】

4.1 符号

下列符号适用于本文件。

a —— 长。

b —— 宽。

h —— 高。

4.2 缩略语

下列缩略语适用于本文件。

CIM：公共信息模型（Common Information Model）

HTTP：超文本传输协议（Hyper Text Transfer Protocol）

TLS：传输层安全性协议（Transport Layer Security）

【符号和/或缩略语是可选章。如果只有缩略语，章标题、引语和缩略语的表述见示例 1，缩略语按照英文 26 个字母排序。如果只有符号见示例 2。如果既有符号，又有缩略语，见示例 3。

示例1：只有缩略语。

4　缩略语

下列缩略语适用于本文件。

BDS：北斗卫星导航系统（BeiDou Navigation Satellite System）

GPS：全球定位系统（Global Positioning System）

示例2：只有符号。

4　符号

下列符号适用于本文件。

a——长。

b——宽。

示例3：既有符号，又有缩略语。

4　符号和缩略语

4.1　符号

表1中界定的符号适用于本文件。

表1　XXXXXX

编号	名称	符号	说明
1	电能的电容储存装置	CA	电容器
2	电能的感应储存装置	CB	线圈、超导体

4.2　缩略语

下列缩略语适用于本文件。

CIM：公共信息模型（Common Information Model）

HTTP：超文本传输协议（Hyper Text Transfer Protocol）

】

5　分类和编码*【可选章】*

【本章是可选章。用于为产品/系统/装置/设备建立一个分类（分级）、标记和（或）编码体系，以便在技术要求的条文中对应于细分的类别，分别给出规定和要求。】

5.1　分类和编码原则*【条编号，条标题】*

（产品/系统/装置/设备）分类和编码应遵循以下原则：

a)　划分的类别应满足使用的需要；

b)　应尽可能采用系列化的方法进行分类；

c)　对于系列产品应合理确定系列范围与疏密程度等，尽可能采用优先数和优先数系或模数制；

d)　可遵循现行相关标准的规定；

e)　可嵌入关键技术指标，以易于辨识。

[来源：GB/T 20001.10—2014，6.4.3，有修改]

5.2　型号命名方法

依据 5.1 给出的××××××分类和编码原则，××××××的型号命名按其量程（mm）可分为：150、200、300、500、600。其型号命名方法应符合图 1，图 1 中量程为 200mm 的××××××型号为 NVWG-200。

【不在页面顶端，图前空一行】

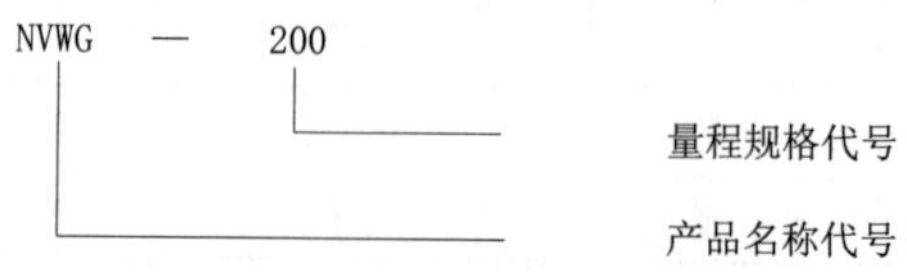

图 1　××××××型号命名方法

【章是标准层次划分的基本单元。

应使用从 1 开始的阿拉伯数字对章编号。章编号应从范围一章开始，一直连续到附录之前。

每一章均应有章标题，并应置于编号之后。

条是章内有编号的细分层次。条可以进一步细分，细分层次不宜过多，最多可分到第五层次，第一层次的条宜给出条标题。一个层次中有一个以上的条时才可设条，例如第 10 章中，

如果没有 10.2，就不必设立 10.1。某一章或条中，其下一个层次上的各条，有无标题应一致，例如 6.2 的下一层次，如果 6.2.1 给出了标题，6.2.2、6.2.3 等也需要给出标题，或者反之，该层次的条都不给出标题。无标题条不应再分条。

章、条编号应顶格起排，空一个汉字的间隙接排章、条标题。

章编号和章标题应单独占一行，上下各空一行；条编号和条标题也应单独占一行，上下各空半行。

无标题条的条编号之后，空一个汉字的间隙接排条文。】

6　系统构成*【可选章，软/硬件系统/产品宜设置此章】*

【本章是可选章。对于装置类产品，用于给出结构及组成；对于系统类产品，用于确定系统架构及组成单元或功能模块。以便依据本章所述的系统构成、划分和顺序，设置其后技术要素的章/条结构和顺序，针对各组成部分，分别给出规定和要求。】

××××××××系统构成见图 2。*【此段资料性提及图 2】*

××××××系统的典型应用见附录 A。*【此段资料性提及附录 A［资料性附录］】*

【不在页面顶端，图前空一行】

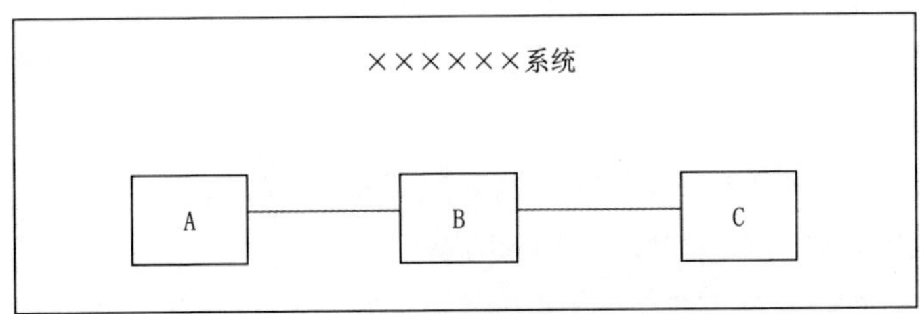

图 2　××××××系统构成示意图

图 2 中，××××××系统由模块 A、模块 B 和模块 C 组成，其中：

a)　模块 A，××××××××××××××；

b)　模块 B，××××××××××××××；

c)　模块 C，××××××××××××××。

【段是章或条内没有编号的细分层次。

为了不在引用时产生混淆，不应在章标题与条之间或条标题与下一层次条之间设段（称为“悬置段”）。

悬置段有下列四类情况（标准中不准许有下列示例1～示例4的悬置段）：

***示例1**：在章标题与下一层次有标题条之间设段。*

***X　节点时钟设置**［章标题］*

节点时钟设置应根据频率同步网等级结构及网络构成进行设置。［第一类悬置段］

***X.1　一级网络节点**［有标题条］*

对于一级网络节点，应在省际传输网与省级传输网的重要交汇节点上设置 1 级基准时钟。

***X.2　二级网络节点**［有标题条］*

对于二级网络节点，应在省际、省级传输网中心节点上设置2级基准时钟。

X+1　……

***示例2**：在章标题与下一层次无标题条之间设段。*

X　节点时钟设置

节点时钟设置应根据频率同步网等级结构及网络构成进行设置。［第二类悬置段］

X.1　对于一级网络节点，应在省际传输网与省级传输网的重要交汇节点上设置 1 级基准时钟。［无标题条］

X.2　对于二级网络节点，应在省际、省级传输网中心节点上设置2级基准时钟。［无标题条］

X+1　……

***示例3**：在有标题条的标题与下一层次有标题条之间设段。*

***X.1　节点时钟设置**［第一层次有标题条的标题］*

节点时钟设置应根据频率同步网等级结构及网络构成进行设置。［第三类悬置段］

***X.1.1　一级网络节点**［第二层次有标题条的标题］*

对于一级网络节点，应在省际传输网与省级传输网的重要交汇节点上设置1级基准时钟。

***X.1.2　二级网络节点**［第二层次有标题条的标题］*

对于二级网络节点，应在省际、省级传输网中心节点上设置2级基准时钟。

X.2　……

***示例4**：在有标题条的标题与下一层次无标题条之间设段。*

***X.1　节点时钟设置**［第一层次有标题条的标题］*

节点时钟设置应根据频率同步网等级结构及网络构成进行设置。［第四类悬置段］

X.1.1　对于一级网络节点应在省际与省级传输网的重要交汇节点上设置 1 级基准时钟。[第二层次无标题条]

X.1.2　对于二级网络节点，应在省际、省级传输网中心节点上设置 2 级基准时钟。[第二层次无标题条]

X.2　……

示例 5： GB/T 1.1—2020 的 7.4 中对于悬置段的改正方法。

不　正　确	正　　确
X　**要求** ××[概述和通用要求]××。【悬置段】 X.1　××××× ××××××××××××××。 X.2　××××× ××××××××××××××。 X+1　**检测方法** ……	X　**要求** X.1　**通用要求** ××[概述和通用要求]××。 X.2　××××× ××××××××××××××。 X.3　××××× ××××××××××××××。 X+1　**检测方法** ……

】

【标准中每幅图均应有编号、有图题。图编号由“图”和从 1 开始的阿拉伯数字组成，例如“图 1”“图 2”等。只有一幅图时，仍应给出编号“图 1”。图编号从第 3 章“术语和定义”开始（公司技术标准不设置引言）一直连续到附录之前，并与章、条、列项和表的编号无关。每个附录中图的编号均应重新从 1 开始，应在阿拉伯数字编号之前加上表明附录顺序的大写英文字母，字母后跟下脚点，例如附录 A 中的图用“图 A.1”“图 A.2”……表示。

只准许对图做一个层次的细分。分图会使文件的编排和管理变得复杂，只要可能，宜避免使用。

图中的数字和文字均为六号宋体，底色应采用无色。

文件中的图均应在条文中提及，应通过使用适当的能愿动词指明该图是规范性或资料性，并同时提及该图的编号。例如，规范性提及可写作“应按照图 X”“应符合图 X”“应与图 X 相符”（见示例 1），资料性提及可写作“见图 X”“参见图 X”“如图 X 所示”“宜按照图 X”（见示例 2）。

示例 1： 规范性提及图。

××××的功能架构应与图 3 相符合。

示例 2： 资料性提及图。

××××的系统示意图见图 2。】

7　总体原则和总体要求

【本章是可选章。

总体原则/总则/原则应使用陈述或推荐型条款，不应包含要求型条款。7.1 各项原则采用无标题条的形式。如果这一层次的条需要提取目次，各项原则/要求可写成有标题条的形式，或有标题条带列项的形式。

总体要求应使用要求型条款。7.2 中采用有标题条带列项的形式。】

7.1　总体原则

7.1.1　××××*【原则 1】*×××××××××××。*【无标题条，不可以提取目次】*

7.1.2　××××*【原则 2】*×××××××××。

7.2　总体要求*【有标题条，可以提取目次】*

7.2.1　×××××××要求*【有标题条，可提取目次，但不应作为列项引语】*

×××××××应满足以下要求：*【列项引语】*

a)　××××*【要求 1】*×××××××××；*【并列项】*

b)　××××*【要求 2】*×××××××××。*【并列项】*

7.2.2　×××××××××要求

×××××××应符合以下规定：

a)　××××*【规定 1】*××××；

b)　××××*【规定 2】*×××××××××。

【列项是段中的子层次，用于强调细分的并列各项中的内容。列项应由引语和被引出的并列的各项组成。列项可以进一步细分为分项，这种细分不宜超过两个层次，第一层应采用字母项［标识符为带英文半圆右括号的小写英文字母，如 a)、b)等］，第二层应采用数字项［标识符为带英文半圆右括号的阿拉伯数字，如 1)、2)等］，以便于引用、识别或表明先后顺序，见示例 1。列项编号的右括号与后文之间应空一个中文字符的间隙。

列项中最后一项由句号结束，其余各项一般跟分号，如果其中有一项的句中有分号或句号，则列项的各项均跟句号，见示例 2。

第一层次的列项和第二层次的列项都不应包含段。列项后可接一个并列段。列项中引出的图、表、数学公式等内容应在最后一个列项结尾后按次序排列。

***示例 1：**两层列项，第一层为字母项，第二层为数字项。*

×××××××*应满足以下要求：*

a) ×××××××。[第一层次列项中作为第二层次引语的项用冒号，其他项均以句号结束]

b) ××××××应按照以下步骤进行检测：

1) ×××××××；

2) ××××××××××××××；

3) ×××××××××××××××××××××××××××××××××××××××。[注意换行后的对齐位置]

示例2：列项中的各项均由句号结束。

模拟量精度应符合GB/T 35732的规定，并满足以下要求：

a) 测量条件：电压为176 V～264 V；电流为0 A～6 A；频率为45 Hz～55 Hz。

b) 测量精度：电压采集误差不应大于±0.5%；电流采集误差不应大于±0.5%；有功功率测量误差不应大于±0.5%；无功功率测量误差不应大于±1%；功率因数测量误差不应大于±0.0。】

8 技术要求【依据第6章所述的组成、划分和顺序编写】

【技术要求是规范标准/产品标准中核心技术要素的必备内容，可根据具体情况，分为若干章，每章可分为若干层次的条，最多可分5个层次的条。也可依据第6章所给出的分类、组成、顺序等，设置章条。

根据GB/T 20001.10《标准编写规则 第10部分：产品标准》的规定，产品标准的技术要求可包括环境、功能、性能、安全、外观、材料、工艺等方面的要求。产品部门可以根据产品情况增加其他要求，如电源、稳定性、防水性等。】

8.1 系统【第一层次有标题条】

××××××系统应满足以下通用技术要求：

a) ×××××××××××××；

b) ××××××××××××；

c) ××××××××××××××××。

【某章/条的通用内容宜作为第一条。[整个文件的通用内容见第7章]。

根据内容，可用“通用要求”“基本要求”“通则”“概述”作为条标题。

通用要求用来规定某章/条中涉及多条的要求，应使用要求型条款。

通则用来规定与某章/条的共性内容相关的或涉及多条的内容，使用的条款中应至少包含要求型条款，还可包含其他类型的条款。

概述用来给出与某章/条内容有关的陈述或说明，应使用陈述型条款，不应包含要求、指示或推荐型条款。除非确有必要通常不设置概述。】

8.2 模块 A【*8.1 是有标题条，8.2、8.3、8.4 均应为有标题条*】

8.2.1 要求 1

应××××××××××××××××××××××××××××。

注：×××××××××××××。

8.2.2 要求 2【*8.2.1 是有标题条，8.2.2 也应为有标题条*】

×××××应符合附录 B。【*规范性提及附录 B [附录 B 是规范性附录]*】

8.3 模块 B

8.3.1 应×××【*要求 1*】××××。【*8.3.1 是无标题条，8.3.2 也应为无标题条*】

8.3.2 应××××【*要求 2*】××××，×××××应符合表 1。【*规范性提示表 1*】

表 1 表题

表头	表项名称（【*符号*】） 【*单位*】	电压等级（U） kV	数据速率（V） kbps
×××[a]	×××	×××	×××
×××[b]	×××	—	—
×××	×××	×××	×××
表中说明段可包含要求【*空一个汉字起排，回行顶格编排，段后不必加标点符号*】 注 1：表注的内容不应包含要求。【*空两个汉字起排，回行与首行注后首字对齐*】 注 2：……。			
a 表的脚注内容，可包含要求。【*空两个汉字起排，回行与首行文字对齐*】 b 表的脚注内容，可包含要求。			

【为了不在引用时产生混淆，同一章或同一条内没有编号的段不宜多于两段，见示例1。若不止一段，则应仅包含一项要求，见示例2。不应在同一个章或条编号下出现两项不同要求的条款，见示例3。

示例1：正确示例。

X.2.1 ……

……（要求1）……。[段]

示例2：正确示例。

X.2.2 ……

……（要求1）……。[段]

……（要求1相关）……。[段]

示例3：错误示例。

X.2.3 ……

……（要求1）……。[段]

……（要求2）……。[段]】

8.4 模块C

8.4.1 要求1

××××××××××应符合表2。*【规范性提及表2】*

表2 表题 单位为米

表头	长度	宽度	高度
×××	×××	×××	×××
×××	×××	×××	×××

【不在页面底端，表后空一行。】

【标准中每个表均应有表编号和表题。表编号由“表”和从1开始的阿拉伯数字组成。只有一个表时，仍应给出编号“表1”。表编号从正文第1章“范围”开始（公司技术标准不设置引言）一直连续到附录之前，并与章、条和图的编号无关。不准许将表再细分为分表，也不准许表中套表或表中含有带表头的子表。表头中不准许使用斜线。当某个表需要转页接排时，随后接排该表的各页上应重复表编号和“（续）”，续表均应重复表头和表右上方“关于单位的陈述”（表中所有量的单位均相同时）。

表的表述形式越简单越好，创建几个表格比试图将太多内容整合成为一个表格更好。表

编号和表题为 5 号黑体（表编号与表题之间空一个汉字），表右上方“关于单位的陈述”、表中的数字和文字均为小五号宋体，底色应采用无色，表格线条、文字、内容等应采用黑色，表的外框线、表头的框线以及表中的注、表脚注所在的框线均应为粗实线 1 磅，其余线条细实线 0.5 磅。

除非特殊需要，表中的段宜空一个汉字起排，回行时顶格编排，段后不必加标点符号。表中的内容为数字时，数字宜居中编排，同列的数字应上下个位对齐或小数点对齐；数字间有浪纹线形式的连接号（～）时，应上下符号对齐。

表中相邻数字或文字内容相同时，不应使用“同上”“同左”等字样，而应以通栏表示，也可写上具体数字或文字。表的单元格中不应有空格，如果某个单元格没有任何内容，应使用一字线形式的连接号表示。

标准中的表均应在条文中提及，应通过使用适当的能愿动词指明该表是规范性或资料性，并同时提及该表的编号。例如，规范性提及可写作“应按照表 X”“应符合表 X”“应与表 X 相符”（见示例 1），资料性提及可写作“见表 X”“参见表 X”“如表 X 所示”“宜按照表 X”（见示例 2）。

示例 1：规范性提及表。

……的技术特性应符合表 7 给出的特性值。

示例 2：资料性提及表。

……的相关信息见表 2。】

8.4.2　要求 2

系统子站与主站的时间偏差 Δt_{SM} 应按照公式（1）计算。

$$\Delta t_{SM} = \Delta t_{SSV} - \Delta t_{MSV} = (t_S - t_M) - (d_S - d_M) \tag{1}$$

式中：**【*破折号对齐*】**

Δt_{SM} ——子站与主站的时间偏差，单位为微秒（μs）；

Δt_{SSV} ——子站与主钟的钟差，单位为微秒（μs）；

Δt_{MSV} ——主站与主钟的钟差，单位为微秒（μs）；

t_S ——子站时间；

t_M ——主站时间；

d_S ——主钟信号抵达子站的路径延时，单位为微秒（μs）；

d_M ——主钟信号抵达主站的路径延时，单位为微秒（μs）。

【*数学公式编号应从第 3 章“术语和定义”开始（公司技术标准不设置引言）一直连续到附录之前，并与章、条和表的编号无关。不准许将数学公式进一步细分，例如将公式“(2)”*

分为"(2a)"和"(2b)"等。数学公式中不应使用中文，不应使用单位的符号。

数学公式应另行居中编排，较长的数学公式应在符号=、+、−、±或∓之后，必要时，在×、·或/之后回行。数学公式中的分数线，主线与辅线应明确区分，主线应与等号取平。

数学公式应居中，编号应右端对齐。

应在数学公式之下用"式中："引出对字母符号含义的解释。"式中："应空两个汉字起排，单独占一行。数学公式中需要解释的符号应按先左后右、先上后下的顺序分行说明，每行空两个汉字起排，并用破折号与释文连接，回行时与上一行释文的文字位置左对齐。各行的破折号对齐。】

9　检测条件

【产品标准中检测是可选内容。应按照GB/T 20001.4《标准编写规则　第4部分：试验方法标准》的规定起草，检测方法应与技术要求有明确的对应关系，每项技术要求都应描述对应的检测方法，并按照技术要求的先后次序编写。如果内容较多，可考虑分部分编写。或者技术要求与检测方法可以分别编制成单独标准，配套使用。但均应遵循检测方法与技术要求相对应的原则。

检测方法可包括原理、检测条件、试剂或材料、仪器设备、样品、检测步骤、检测数据处理、精密度和测量不确定度、质量保证和控制、检测报告、特殊情况等方面的内容，其中必备内容应有仪器设备、样品、检测步骤和检测数据处理。】

9.1　检测环境条件*【9.1为有标题条，9.2和9.3也应为有标题条】*

环境条件要求如下：*【列项引语】*

a)　温度：−30℃～+80℃；*【并列项】*

b)　相对湿度：60%～70%；*【并列项】*

c)　大气压力：86kPa～106kPa。*【并列项】*

【标准中的尺寸和公差应以无歧义的方式表示，见示例1～示例9。

示例1： *80 mm×25 mm×50 mm [不写作80×25×50 mm或（80×25×50）mm]*

示例2： *80 μF±2 μF或（80±2）μF [不写作80±2 μF]*

示例3： 80^{+2}_{0} mm [不写作 80^{+2}_{-0} mm]

示例4： 80 mm $^{+50}_{-25}$ μm

示例5： *10 kPa～12 kPa [不写作10～12 kPa]*

示例6： *0 ℃～10 ℃ [不写作0～10 ℃]*

示例 7：用“63%～67%”表示范围。

示例 8：用“(65±2)%”表示带有公差的值［不写作“65±2%”或“65%±2%”的形式］。

示例 9：平面角宜用单位度（°）表示，例如，写作 17.25°。】

9.2 仪器设备

检测用仪器设备要求如下：

a) ×××××；

b) ×××××××××××。

检测所用的测量仪器、仪表应经过计量检定机构的检定合格，并在有效期内。进入检测场后应进行计量复查，复查合格后给出准用证。检测系统自检程序见附录 C。*【资料性提及附录 C［附录 C 是资料性附录］】*

【应列出在检测中所使用的仪器设备的名称及其主要特性。如果适宜，应提及有关实验室仪器的国家标准和其他适用的标准。特殊情况下，“仪器设备”还应提出仪器、仪表的计量检定、校准要求。】

9.3 取样

9.3.1 取样条件

×××××××××××××××××××××××。

9.3.2 取样方法

×××××××××××××××××××××××。

9.3.3 样品保存

×××××××××××××××××××××××。

【产品标准的检测内容中“取样”为可选要素，应给出制备样品的所有步骤，明确检测前样品应满足的条件，例如尺寸及数量、技术状态、特性和储存条件要求等。】

10 检测方法

10.1 系统*【10.1 为有标题条，10.2、10.3、10.4 也应为有标题条】*

根据 8.1 规定的系统通用技术要求，检测方法和步骤要求如下：*【有标题条的标题不能作为列项引语，应针对列项内容增加引语】*

a) 检测步骤：*【第一层字母列项】*

1)　××××××××××；*【第二层数字列项】*

2)　××××××××××。

b)　检测数据处理：

1)　××××××××××××××××××××；

2)　××××××××××。

c)　检测结果应满足 8.1 的要求。*【注意两层列项中各并列项句末的标点符号】*

10.2　模块 A

10.2.1　根据 8.2.1 规定的模块 A 的××*【要求 1】*××，检测方法和步骤要求如下：

【10.2.1 为无标题条，10.2.2 也应为无标题条。无标题条的标题可以作为列项引语】

a)　检测步骤：

1)　××××××××××；

2)　××××××××××。

b)　检测数据处理：

1)　××××××××××；

2)　××××××××××；

3)　检测结果应满足 8.2.1 规定模块 A 的××*【要求 1】*××。

10.2.2　根据 8.2.2 规定的模块 A 的××*【要求 2】*××，检测方法和步骤要求如下：

a)　检测步骤：

1)　××××××××××；

2)　××××××××××。

b)　检测数据处理：

1)　××××××××××；

2)　××××××××××；

3)　检测结果应满足 8.2.2 规定的模块 A 的××*【要求 2】*××。

10.3　模块 B

10.3.1　根据 8.3.1 规定的模块 B 的××*【要求 1】*××，检测方法和步骤要求如下：

a)　检测步骤：

1） ×××××××××××；

2） ×××××××××××。

b） 检测数据处理：

1） ×××××××××××；

2） ×××××××××××；

3） 检测结果应满足 8.3.1 规定的模块 B××*【要求 1】*××。

10.3.2 根据 8.3.2 规定的模块 B 的××*【要求 2】*××，检测方法和步骤要求如下：

a） 检测步骤：

1） ×××××××××××；

2） ×××××××××××。

b） 检测数据处理：

1） ×××××××××××；

2） ×××××××××××；

3） 检测结果应满足 8.3.2 规定的模块 B 的××*【要求 2】*××。

10.4 模块 C

10.4.1 根据 8.4.1 规定的模块 C 的××*【要求 1】*××，检测方法和步骤如下：

a） 检测步骤：

1） ×××××××××××；

2） ×××××××××××。

b） 检测数据处理：

1） ×××××××××××；

2） ×××××××××××；

3） 检测结果应满足 8.4.1 规定的模块 B××*【要求 1】*××。

10.4.2 根据 8.4.2 规定的模块 C 的××*【要求 2】*××，检测方法和步骤如下：

a） 检测步骤：

1） ×××××××××××；

2） ×××××××××××。

b） 检测数据处理：

1） ×××××××××××；

2） ×××××××××××；

3）　检测结果应满足8.4.2规定的模块C的××*【要求2】*××。

11　检验规则

【产品标准中检验规则为可选要素［注意检测与检验的区别］。针对产品的一个或多个特性，给出测量、产品符合技术要求所遵循的规则、程序或方法等内容。】

11.1　检验分类

11.1.1　出厂检验

×××××应经质量检验部门逐台检验合格，并取得合格证后方可出厂。

11.1.2　型式检验

凡遇下列情况之一，应进行型式检验：

a）　新产品或老产品转厂生产的试制定型鉴定；

b）　正式生产后，如产品结构、原材料、生产工艺和管理有较大改变，可能影响产品性能时；

c）　产品长期停产后，恢复生产时；

d）　出厂检验结果与上次型式检验有较大差异时。

11.2　检验项目

出厂检验和型式检验项目应符合表3的规定。*【规范性提及表3】*

表3　检 验 项 目

序号	检验项目名称	“技术要求”章条号	“检测方法”章条号	出厂检验	型式检验
1	×××××	第X章	第X章	√	√
2	×××××	X.X	X.X	×	√
3	×××××	X.X	X.X	△	√
4	×××××	X.X	X.X	√	√
5	×××××	X.X	X.X	△	√
√为应检验项目；△为可选检验项目；×为不应检验项目 **注：** *检验项目的次序可能影响检验结果时，酌情对检验项目的次序做出规定。*					

11.3　组批规则和抽样方案

型式试验的样品应从出厂检验合格产品中随机抽取三台样品。型式试验结果如有不合格项，可加倍取样，对不合格项目进行复检，如仍存在不合格项，则判该次型式试验不合格。

【组批规则和抽样方案需根据产品的特点、供需双方的需求以及愿意承担的风险予以确定。组批规则通常需确定组批条件、批量、组批时机、组批方法等。具体抽样方案需根据有关的要素，例如抽样方案类型、不合格分类等，进行确定。】

11.4　判定规则

型式检测未发现不合格项，则判定该批产品合格。如发现有不合格项，则进行加倍抽样，重复进行型式检测，如未发现不合格项，仍判定该批产品合格；如第二次抽取的样品仍存在不合格项，则判定该批产品不合格。

【每一类检验都需要有判定规则，即判定产品为合格或不合格的条件。】

12　标志和随行文件［来源：GB/T 20001.10—2014.，6.9］

【产品标准中标志、标签和随行文件为可选要素。】

12.1　标志

12.1.1　产品标志

每台×××××上的标志内容至少应包含商标、产品名称、型号规格、出厂编号及制造厂名等内容。

【产品标志内容应规定：

a）　用于识别产品的各种标志的内容，包括生产者（名称和地址）或总经销商（商号、商标或识别标志），或产品的标志（例如生产者或销售商的商标、型号、加工编号等），或不同规格、种类、型式和等级的标志；

b）　标志的表示方法，例如，使用金属牌（铭牌）、标签、印记、颜色、条形码等；

c）　标志呈现在产品或包装上的位置。】

12.1.2　包装标志

产品的包装储运标志和收发货标志应按照 GB/T XXX 和 GB/T XXXX 的有关规定执行。用作标志的符号应符合 GB 190、GB/T 191、GB/T 6388。产品包装箱外壁应使用防水标志，可包括但不限于：

a）　到站、收货单位和地址；

b）　发站、供货单位和地址；

c）　产品名称、型号和数量；

d）　标明“精密仪器”“小心轻放”“防震”及放置标记“↑”标识。

【仪器包装标志应包括商标、产品名称、产品型号、制造厂名、厂址、生产批号、执行标准号。】

12.2　随行文件

产品标准要求提供的随行文件可包括：

a）　产品合格证，符合 GB/T 14436；

b）　产品说明书；

c）　装箱清单；

d）　随机备附件清单；

e）　安装图；

f）　检测报告；

g）　搬运说明；

h）　其他有关资料。

[来源：GB/T 20001.10—2014，6.9.3]

13　包装、运输和贮存

【产品标准中包装、运输和贮存为可选要素，需要时可规定产品的包装、运输和贮存条件等方面的技术要求，这样既可以防止因包装、运输和贮存不当引起危险、毒害或污染环境，又可以保护产品。】

13.1　包装

13.1.1　产品的内包装为入库包装，宜用纸盒及隔震泡沫组合包装。

13.1.2　产品的外包装是为出厂运输进行的包装。可多台仪器组合包装，宜采用木箱及隔震泡沫组合包装。防震、防潮、防尘等包装防护应符合 GB/T 13384 中的有关规定进行。

【需要对产品的包装提出要求时，可将有关内容编入标准，也可引用有关的包装标准。包装要求的基本内容包括：

a） 包装技术和方法，指明产品采用的包装，以及防晒、防潮、防磁、防震动、防辐射等措施；

b） 包装材料和要求，指明采用的包装材料，以及材料的性能等；

c） 对内装物的要求，指明内装物的摆放位置和方法，预处理方法以及危险物品的防护条件等；

d） 包装检测方法，指明与包装有关的检测方法。】

13.2 运输

仪器包装后应能适应一般交通运输工具，运输过程中应避免雨雪或其他液体直接淋袭，防止机械损伤。

【对产品运输有特殊要求时，可规定运输要求，基本内容包括：

a） 运输方式，指明运输工具等；

b） 运输条件，指明运输时的要求，例如遮篷、密封、保温等；

c） 运输中的注意事项，指明装、卸、运方面的特殊要求，以及运输危险物品的防护条件等。】

13.3 贮存

仪器应存放在干燥、通风、无灰尘、无腐蚀性气体的室内。

［来源：GB/T 20001.10—2014，6.10］

【必要时可规定产品的贮存要求，特别是对有毒、易腐、易燃、易爆等危险物品应规定相应的特殊要求。贮存要求的基本内容包括：

a） 贮存场所，指明库存、露天、遮篷等；

b） 贮存条件，指明温度、湿度、通风、有害条件的影响等；

c） 贮存方式，指明单放、码放等；

d） 贮存期限，指明规定的贮存期限，贮存期内定期维护的要求，以及贮存期内的抽检要求。

示例:

包装状态下的电容式静力水准仪应能适应以下贮存环境条件:

a)　*温度:−40℃～60℃;*

b)　*湿度不大于85%;*

c)　*长期贮存状态下的电容式静力水准仪,其贮存场所应选择通风、干燥的室内,附近应无酸性、碱性及其他腐蚀性物质存在。*】

附　录　A
（资料性）
××××××系统典型应用

A.1　条标题

×××××××××××*【资料性附录中不应包含要求】*××。

A.2　条标题

××××*【不应包含要求】*××××××××见图 A.1。*【资料性提及图 A.1】*

图样

图 A.1　图题

【附录为可选章，用来承接和安置不便在标准正文或前言中表述的内容，它是对正文或前言的补充或附加，它的设置可以使标准的结构更加平衡。附录分为规范性附录（给出文件正文的补充或附加条款，含要求）和资料性附录（给出有助于理解或使用文件的附加信息，不含要求）。

附录的内容源自正文或前言中的内容，可以考虑将下述内容设成附录：

a）　某些内容篇幅较长，与其他相关章条相比，影响了编制结构的平衡，可考虑编入附录；

b）　涉及正文的部分规定可写进规范性附录，起进一步补充和细化作用；

c）　附加而又必需的技术内容可写进规范性附录，如检测方法、计算方法等；

d）　某些较为详细或复杂的示例可作为资料性附录；

e）　篇幅较长的解释和说明可作为资料性附录，便于标准实施。

每个附录均应在正文或前言的相关条文中被明确提及。附录的规范性或资料性的作用应在目次中和附录编号之下标明，并且在正文或前言的提及之处还应通过使用适当的表述形式予以指明，同时提及该附录的编号。标准中下列表述形式提及的附录属于规范性附录：

（1）　任何标准中，由要求型条款或指示型条款指明的附录，示例1。

（2）　规范标准中，由“按”或“按照”指明检测方法的附录。

（3）　指南标准中，由推荐型条款指明的附录。

示例1：……应符合附录A的规定。

其他表述形式指明的附录都属于资料性附录，不应有要求型条款或指示型条款，示例2。

示例2：……相关示例见附录D。

附录应位于正文之后，附录的顺序应按在条文（从前言算起）中提及它的先后次序编排（前言中说明与前一版本相比的主要技术变化时，所提及的附录不作为编排附录顺序的依据）。每个附录均应有附录编号。附录编号由“附录”和随后表明顺序的大写英文字母组成，字母从A开始，例如“附录A”“附录B”等。只有一个附录时，仍应给出附录编号“附录A”。附录编号下方应标明附录的作用，即“（规范性）”或“（资料性）”，其中圆括号为全角格式，再下方为附录标题。

每个附录均应另起一页编排。附录编号、附录的作用，即“（规范性）”或“（资料性）”，以及附录标题，每项应各占一行，居中编排。附录编号行中每两个字（如“附录A”）之间有1个汉字的间隙；附录编号行下方接排附录的作用行；附录的作用行下方给出附录的标题名称。附录这三行先后顺序固定，不应调整，表述方式如下：

附　录　A **（资料性）** **电力设备高频局部放电检测数据记录**

附录中不准许设置“范围”“规范性引用文件”“术语和定义”等内容。

附录可以分为条，条还可以细分。例如附录A中的第一层次条用“A.1”“A.2”……表示，第二层次条用“A.1.1”“A.1.2”……表示；附录B中的第一层次条用“B.1”“B.2”……表示，第二层次条用“B.1.1”“B.1.2”……表示，依次类推。其余编写要求同正文中主题章条的编写要求。

附录中的图、表、数学公式，编号均应重新从1开始，编号前应加上附录编号中表明顺序的大写字母，字母后跟下脚点，例如图用“图A.1”“图A.2”……表示；表用“表B.1”“表B.2”……表示；数学公式用“(D.1)”“(D.2)”……表示。其余编写要求同正文中图、表、公式的编写要求。】

附　录　B
（规范性）
××××××速率要求

×××××××××××××*【规范性附录中应包含要求】*××××××××××××××××××××××××××××××××应符合表 B.1。*【规范性提及表 B.1】*

表 B.1　表题　　单位为毫米

类型	长度	内圆直径
×××	×××[a]	—
×××	×××	×××
××××××××××××××××××××××××，××××××××××××××××××××××*【说明段可包含要求】*		
注：××。*【注不应包含要求】*		
[a] ×××××××××。*【脚注可包含要求】*		

×××××第一类结构应与图 B.1a）相符合，第二类结构应与图 B.1b）相符合。*【规范性提及图 B.1】*

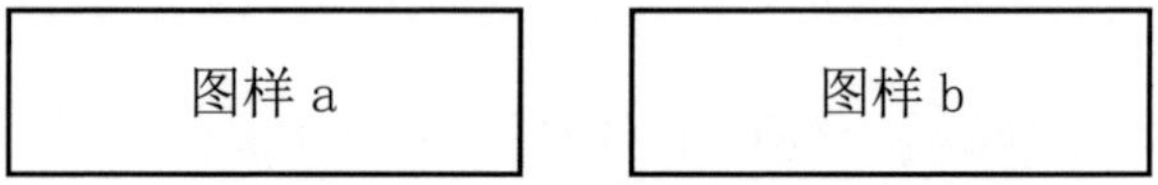

图样 a	图样 b
a）分图题	**b）分图题**

图 B.1　图题

附 录 C
（资料性）
检测系统自检程序示例

×××××检测系统自检程序示例见图 C.1。*【资料性提及图 C.1，资料性附录中不应包含要求】*

```
MESSAGE sip: 前端系统地址编码@前端系统所属平台域名或 IP 地址 SIP/2.0
From: <sip: 用户地址编码@用户所属平台域名或 IP 地址>;tag=f2161243
To: <sip: 前端系统址编码@前端系统所属平台域名或 IP 地址>
Contact: <sip: 用户地址编码@用户所属平台域名或 IP 地址>
Call-ID: c47a42
Via: SIP/2.0/UDP 用户所属平台 IP 地址;branch=z9hG4bK
CSeq: 1 MESSAGE
Content-type: application/xml
Content-Length: 消息体的长度

<?xml version="1.0" encoding="UTF-8"?>
<SIP_XML EventType=Request_Resource>
    <!--前端系统、场地、前端设备的地址编码-->
    <Item Code="地址编码" FromIndex="期望返回的起始记录数" ToIndex="期望返回的结束记录数"/>
</SIP_XML>
```

图 C.1 检测系统自检程序示例

【标准名称仅一行时，前空行为 5 号字体单倍行距 11 行，
标准名称为两行时，前空行为 5 号字体单倍行距 10 行。】

标准中文名称

【二号黑体居中，与封面名称一致。
标准名称与编制说明之间空两行，空行为 5 号字体单倍行距 2 行。】

编　制　说　明

【四号黑体居中，每两个字之间空 1 个汉字的间隙】

【为增强模板的示范性，编制说明的内容与标准正文不完全对应】

目　　次

【编制说明的页码应与正文页码连续编排，不应从"1"开始。

编制说明的层级是章，本页目次是编制说明第一层次条的目次，其顺序和条标题均不准许改动。编制说明目次及正文中条编号与条标题之间空一个汉字的间隙。】

【下文中各条的标题及其顺序不可更改，但各条中的陈述性内容仅为示例，可根据实际情况按照文中的形式陈述】

【编制说明总体要求：与标准正文同步编写，简明扼要，有实质性内容，有助于标准使用者准确理解和正确实施。】

1 编制背景

【任务来源】

本文件依据《关于下达 20□□年度国家电网有限公司技术标准制修订计划的通知》（国家电网科〔20□□〕XXX 号）*【此处应是国家电网有限公司正式下达的技术标准制修订计划文件的名称和文号】*

【对于修订项目，应参照以下表述方式，给出被代替标准的起草单位和主要起草人：

本文件代替 Q/GDW XXXXX.3—2019《[被代替标准名称]》、Q/GDW XXXXX.4—□□□□《[被代替标准名称]》、Q/GDW XXXXX—□□□□《[被代替标准名称]》和 Q/GDW/Z XXXXX—□□□□《[被代替标准名称]》。

Q/GDW XXXXX.3—2019《[被代替标准名称]》的起草单位：×××、××××；主要起草人：×××、×××、×××、×××。

Q/GDW XXXXX.4—□□□□《[被代替标准名称]》的起草单位：×××、××××；主要起草人：×××、×××、×××、×××。

Q/GDW XXXXX—□□□□《[被代替标准名称]》的起草单位：×××、××××；主要起草人：×××、×××、×××、×××。

Q/GDW/Z XXXXX—□□□□《[被代替标准名称]》的起草单位：×××、××××；主要起草人：×××、×××、×××、×××。】

【编制背景和目的】

在××××领域、××××方面，因国家政策/电网发展/产业优化/市场变化/系统及产品国际化等，亟须规范××××/统一××××/建立/完善××××标准体系/与现行××××标准配套，有××××方面迫切的标准化需求。

编制本文件的目的在于××××。*【对于修订项目，应简要给出修订理由】*

2 编制原则

本文件主要根据以下原则编制：

（1） 注重优化、完善相关××××标准体系，与××××标准配套。

（2） 注重与××××领域相关国家标准、行业标准、企业标准等技术标准协调。

（3） 注重××××方面电网特殊要求及实际技术应用、现场维护检修等方面的经验积累，并考虑主流厂家技术动态和技术文件等，保证标准的技术先进性和经济适用性。

（4）　注重××××关键技术指标和参数的可证实性，开展××××试验验证，保证标准的科学性和实施可靠性。

3　与其他标准/文件的关系

【本条可包括四方面内容：协调一致性、知识产权说明、宣贯保密说明、参考文献。第一和第二为必备要素。第三和第四根据文件的具体情况，如涉及相关内容，则应按照下列形式编写；未涉及，可不写。】

（1）　协调一致性。

本文件遵从相关技术领域的国家现行法律、法规和行业有关规定。

本文件在××××方面与同类国家标准 GB/T XXXXX—□□□□《××××》无矛盾冲突；在××××方面技术要求高于 GB/T XXXXX—□□□□《××××》，并在××××方面进行了细化。……

本文件在××××方面与同类电力行业标准 DL/T XXXX—□□□□《××××》无矛盾冲突，在××××方面技术要求高于能源行业标准 NB/T XXXX—□□□□《××××》，并在××××方面进行了细化。……

本文件在××××方面与同类公司企业标准 Q/GDW XXXXX—□□□□《××××》无矛盾冲突，在××××方面体现了差异化。……

本文件在××××方面与同类公司指导性技术文件 Q/GDW/Z XXXXX—□□□□《××××》无矛盾冲突，在××××方面体现了差异化。

……

（2）　知识产权说明。

本文件未涉及知识产权：*【不涉及知识产权表述方法】*

——本文件内容中未涉及的专利、著作权等知识产权；

——本文件规范性引用的国内标准化文件中未涉及知识产权；

——本文件规范性引用的国际标准或国外标准未涉及知识产权；

——本文件未采用国际标准或国外标准编制。

【如涉及知识产权，应表述如下文】

本文件的发布机构提请注意，声明符合本文件时，涉及以下知识产权的使用。

1）专利：

专利名称 1（状态：如申请/授权/公开）（编号：授权号/公开号）

专利名称 1（状态：如申请/授权/公开）（编号：授权号/公开号）

2）软件著作权：

软件著作权名称 1（状态：××××）

软件著作权名称 2（状态：××××）

3）商标权：

……

4）其他知识产权：

……

本文件涉及的知识产权问题已按照《国家电网有限公司技术标准管理办法》的规定披露并处置，相关信息披露和证明材料及实施许可声明已随本文件报批材料归档。

（3） 宣贯、实施保密说明。

本文件宣贯和实施中的保密要求如下：

1） 宣贯：重点是×××××××方面的涉密保护；

2） 实施：已拟定×××××××保密方案。

（4） 参考文献。

【文件中的资料性引用文件与文件制修订过程中有较重要的参考文献应分别列出，参考文献包括公司级及以上政策文件、标准、论文、论著等。所列文件不应重复规范性引用文件。格式要求应与规范性引用文件清单一致，政策文件格式参照 GB/T 7714。】

1）本文件中的资料性引用文件：

GB/T XXXXX—□□□□　××××××××××

GB XXXXX ××××××××××

DL/T XXXX—□□□□　××××××××××

DL/T XXXXX（所有部分）　××××××××××

NB/T XXXX—□□□□　××××××××××

Q/GDW XXXXX　××××××××××

Q/GDW/Z XXXXX—□□□□　××××××××××

IEC XXXXX:□□□□　××××××××××

2）本文件的主要参考文献：

GB/T XXXXX—□□□□　××××××××××

保密〔2015〕3 号　中央企业商业秘密安全保护技术指引

……

4　主要工作过程

20□□年□□月，根据公司技术标准制修订计划，项目启动，××××。本项目下达计划中是/否包含需要关键指标验证要求。

20□□年□□月，成立编写组，项目第一承担单位××××的人员担任组长，成员单位包括××××、××××、××××，具有广泛的代表性，覆盖相关领域各主要方包括××××、××××。

20□□年□□月，完成标准大纲编写，××××组织召开大纲研讨会。*【如有重要意见分歧，应说明具体情况及协调结果】*

20□□年□□月，完成标准征求意见稿编写，采用……方式广泛、多次在……范围内征求意见。*【如有重要意见分歧，应说明具体情况及协调结果】*

20□□年□□月，修改形成标准送审稿。

20□□年□□月，由××××组织召开了标准审查会，××××审查结论为：××××。

20□□年□□月，修改形成标准报批稿，并向×××××提交报批文件。

【下达计划中包含关键指标验证要求的项目应说明试验验证情况和达到的效果，如有其他相关事宜也应说明。】

5　结构和内容

【对于部分标准，应参照下文，陈述所有部分的构成，以及对每部分的定位。本部分与其同时报批的部分均应视为已发布。】

本文件是 Q/GDW XXXXX—20□□的第 3 部分。Q/GDW XXXXX—□□□□拟由以下 X 个部分构成。

——第 1 部分：××××（已发布）。目的是规范××××。

——第 2 部分：××××××（已发布）。目的是规范××××。

——第 3 部分：×××××××××（已发布）。目的是规范××××。

——第 4 部分：××××（未发布）。目的是规范××××。

……

——第 X 部分：××××（未发布）。目的是规范××××。

……

【对于名称中包含“技术要求”的标准，可参照下文，陈述文件各技术要素章的设置思路、结构和主要内容】

本文件为技术要求标准，对于×××××系统/技术*【文件名称中的标准化对象】*，按照系统构成——功能要求——性能要求的顺序起草。第 5 章中确立×××××系统/技术的构成（包括分系统或组成单元），给出结构示意图，陈述图中各组成部分的特性和作用；第 6 章中按照第 5 章中的组成细分和顺序提出各组成部分的功能要求；第 7 章中顺序提出各组成部分的性能要求。根据需要，文件中还设置了其他技术要素，如××××定义、计算方法等。

本文件的附录 A 为资料性附录，由第 5 章指明，给出了×××××系统/技术的典型应用案例；附录 B 为规范性附录，由第 6 章指明，界定了××××的相关定义。

……

【对于试验方法标准，可参照下文，陈述文件各技术要素章的设置思路、结构和主要内容。此类标准名称中包含“试验”/“检测”/“测定”/“测试”，全文同义词应仅用其一】

本文件为试验方法标准，试验方法是分析方法和测量方法等的总称，试验方法标准在文件形式上具有典型结构。按照 GB/T 1.1—2020 和 GB/T 20001.4《标准编写规则　第 4 部分：试验方法标准》的规定起草，对于×××××系统/设备*【文件名称中的标准化对象】*的试验*【试验或检测均可用，但同一文件只能用其一】*方法，按照试验条件（第 5 章）——仪器设备——被测×××××系统/设备的组成（样品）——试验步骤——试验数据处理——试验报告的顺序编写，一脉相承。

本文件是《×××××》标准的第 3 部分。本文件首先在引言中确定了与本标准的第 2 部分 Q/GDW XXXXX.2—□□□□《×××××　第 2 部分：技术要求》配套使用。本文件第 5 章试验条件中给出了试验对象本身之外可能影响试验结果的因素的限制范围（包括温度、湿度、气压、电源等）；第 6 章列出试验中所使用的仪器设备名称，指明见附录 A 中详述其主要特性要求；第 7 章给出被测×××××××系统/设备的构成，给出结构示意图，陈述图中被测系统/设备各组成部分/部件（其名称及陈述顺序与配套使用的技术要求文件 GB/T XXXXX—□□□□一致）；第 8 章～第 X 章按照第 7 章中的细分部分和顺序给出试验前准备（被测各组成部分的试验/检测连接等）、步骤，并注明对应技术要求文件的具体章条号等；第 X+1 章明确试验数据处理；第 X+2 章中给出试验报告。根据需要，文件中还设置了其他技术要素，如试验原理、精密度和测量不确定度等。

……

【对于名称中包含“规范”的标准，可参照下文，陈述文件各技术要素章的设置思路、结构和主要内容】

本文件为规范标准，在文件形式上具有典型结构，按照 GB/T 1.1—2020 和 GB/T 20001.5《标准编写规则　第 5 部分：规范标准》的规定起草，对于×××××系统/技术*【文件名称中的标准化对象】*，按照系统构成——技术要求（包括功能和性能要求）——检测方法（包括功能和性能检测）的顺序编写，一脉相承。本文件第 6 章中确立×××××系统/技术的构成（包括分系统或进一步的组成单元），给出结构示意图，陈述图中各组成部分的特性和作用；第 7 章给出系统总体要求；第 8 章按照第 6 章中的细分名称和顺序提出各组成部分的功能要求；第 9 章中顺序提出各组成部分的性能要求；第 10 章给出系统整体检测条件和环境；第 11 章中采用分析方法对于第 8 章中的功能要求一一对应的给出检测方法；第 12 章采用测量方法对于第 9 章中的性能要求一一对应的给出检测方法，文件中给出的试验方法能确保试验结果的准确度在规定的要求范围内。根据需要，文件中还设置了其他技术要素，如试验条件、计算方法等。

本文件的附录 A 为资料性附录，由第 5 章指明，给出了×××××系统/技术的典型应用案例；附录 B 为规范性附录，由第 6 章指明，界定了××××的相关定义。

……

【对于产品标准，可参照下文，陈述文件各技术要素章的设置思路、结构和主要内容】

本文件为产品标准，在文件形式上具有典型结构，按照 GB/T 1.1—2020 和 GB/T 20001.10《标准编写规则　第 10 部分：产品标准》的规定起草，因为文件名为产品名称，所以本文件第 6 章～第 11 章依次给出了×××××产品的技术指标、取样、试验方法、检验规则、标志和标签及随行文件、包装和运输及贮存等各方面的要求。其中关于结构和内容设置需要特别说明的是××××××。

6　条文说明

【条文说明不应提出任何技术要求，也不应对条文提出补充要求或使条文内涵延伸，条文说明中不使用注或脚注。条文说明中提及正文中的章、条、图、表、数学公式等时，采用“本

文件第X章中”“本文件第X.X条中”“本文件图X中”“本文件表X中”“本文件式（X）中”的表述方式，避免与文件正文中章、条、图、表、数学公式混淆。

如果条文说明内容过多，可根据情况形成资料性附录。】

本文件第 X 章中，关于计算方法的选择是基于××××××，考虑到××××××，公式中需要说明的是××××××。

本文件 X.X 中，××××技术指标严于 GB/T XXXXX—2018，是因为××××××××，×××见××××××试验验证报告。

【应针对具体的章、条，说明其中要求、规定的目的以及执行中的注意事项，说明指标、参数的主要依据，对严于上级标准的条款，应说明其差异、依据、计算方法、检测方法、出处等。】

【在标准最后一个要素编制说明之下应有终结线。终结线为居中的粗实线，长度为版芯宽度的1/4。终结线应与标准最后的内容位于同一页，不准许另起一页编排，不准许单独占一页。】

附录 D　技术标准全文编排样例

附录 C 和附录 D 使用说明：附录 C（给出了标准全文编排释义）和附录 D（给出了标准全文编排样例），其中附录 C 附有详细编写要求，可将附录 D 作为编写模板并配合附录 C 使用。

【标准的目次首页、前言首页、引言首页、正文首页均应居于右页，因此其间可能需要设置空白页】

ICS XX.XXX.XX
CCS XXX

国 家 电 网 有 限 公 司 企 业 标 准

Q/GDW XXXXX.3—20□□
代替 Q/GDW XXXXX.3—□□□□，Q/GDW/Z XXXXX—□□□□，Q/GDW XXXXX—□□□□等

×××××××××
第 3 部分：××××××××××

×××××××××—
Part 3：×××××××××××

20□□-□□-□□发布　　　　20□□-□□-□□实施

国家电网有限公司　　发 布

Q/GDW XXXXX.3—20□□

目　次

Q/GDW XXXXX.3—20□□

II

Q/GDW XXXXX.3—20□□

前　　言

本文件依据 GB/T 1.1—2020《标准化工作导则　第 1 部分：标准化文件的结构和起草规则》的要求，按照《国家电网有限公司技术标准管理办法》的规定起草。

本文件是 Q/GDW XXXXX《××××××××》的第 3 部分。Q/GDW XXXXX 已经发布了以下部分：

——第 1 部分：*【第 1 部分的名称】*；

——第 2 部分：*【第 2 部分的名称】*；

——第 3 部分：*【第 3 部分的名称】*。

本文件代替 Q/GDW XXXXX.3—2019《*【被代替标准 1 名称】*》、Q/GDW XXXXX.4—□□□□《*【被代替标准 2 名称】*》、Q/GDW XXXXX—□□□□《*【被代替标准 3 名称】*》和 Q/GDW/Z XXXXX—□□□□《*【被代替标准 4 名称】*》，以 Q/GDW XXXXX.3—2019 为主，整合了 Q/GDW XXXXX.4—□□□□、Q/GDW XXXXX—□□□□和 Q/GDW/Z XXXXX—□□□□的部分内容，与 Q/GDW XXXXX.3—2019 相比，除结构调整和编辑性改动外，主要技术变化如下：

a) 增加了××××××××××××××××××××××（见 X.X）；

b) 更改了××（见第 X 章，2019 年版的第 X 章）；

c) 删除了×××××××××××××××××××××（见 2019 年版的附录 X）；

d) 整合了 Q/GDW XXXXX.4—□□□□、Q/GDW XXXXX—□□□□和 Q/GDW/Z XXXXX.X—□□□□中关于 XXXXX 方面的相关内容（见第 X 章，Q/GDW XXXXX.4—□□□□的 X.X、Q/GDW XXXXX—□□□□的表 X、Q/GDW/Z XXXXX—□□□□的附录 X）。

本文件由*【公司总部报批部门全称】*提出并解释。

本文件由国家电网有限公司科技创新部归口。

本文件起草单位：××××××、×××××××××、××××××。

本文件主要起草人：×××、×××、×××。

本文件首次发布。

【修订标准应视版本情况参照以下表述［其中时间信息应与对应版本发布稿封面上的发布时间一致］：

本文件及其所代替文件的历次版本发布情况为：

——□□□□年□□月首次发布；

——□□□□年□□月第一次修订；

——本次为第二次修订。】

本文件在执行过程中的意见或建议反馈至国家电网有限公司科技创新部。

III

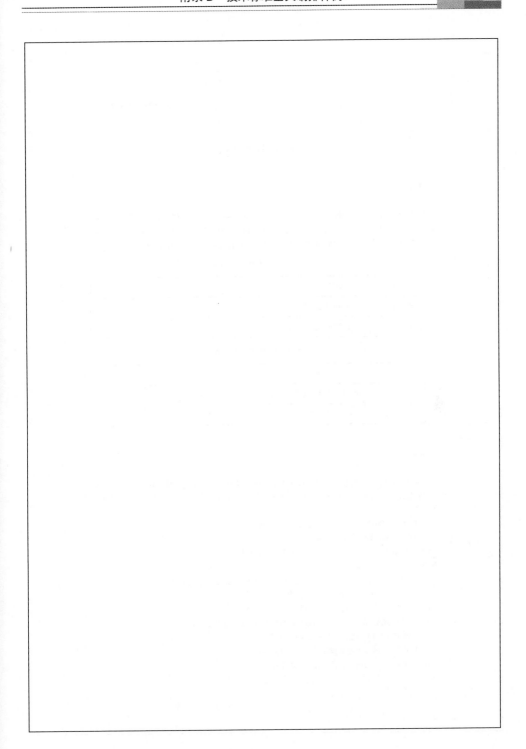

Q/GDW XXXXX.3—20□□

标准中文名称

1 范围【*固定编号和标题的必备章*】

本文件给出了××××分类和编码，确立了××××系统架构和总体原则，规定了××××总体要求、××××技术要求、检测方法、检验规则以及标志、随行文件、包装、运输和贮存要求。

本文件适用于表1中的系统硬件产品和表2中系统软件产品的设计、制造、检测和检验。

表1 适用硬件产品列表

序号	产品名称	产品型号	备注
1	单相智能电能表	XXXX	
2	三相智能电能表	XXXX	

表2 适用软件产品列表

序号	产品名称	产品型号	版本号
1	电网自动化调度系统	XXXX	V1.0
2	电网自动化调度系统	XXXX	V2.0

2 规范性引用文件【*固定编号和标题的必备章*】

下列文件中的内容通过文中的规范性引用而构成本文件必不可少的条款。其中，注日期的引用文件，仅该日期对应的版本适用于本文件；不注日期的引用文件，其最新版本（包括所有的修改单）适用于本文件。

GB/T 1000—2016 高压线路瓷绝缘子尺寸与特性

GB 3100 国际单位制及其应用

GB/T 4728.1～4728.4—2018 电气简图用图形符号

GB/T 31464 电网运行准则

GB/T 33590.2—2017 智能电网调度控制系统技术规范 第2部分：术语

GB/T 36572—2018 电力监控系统网络安全防护导则

DL/T 587 继电保护和安全自动装置运行管理规程

DL/T 860（所有部分） 变电站通信网络和系统（IEC 61850，IDT）

GM/T 0055—2018 电子文件密码应用技术规范

NB/T 31002 风力发电场监控系统通信-原则与模式

NB/T 33002 电动汽车交流充电桩技术条件

1

Q/GDW XXXXX.3—20□□

YD/T 3615—2019 5G移动通信网核心网总体技术要求

Q/GDW 10485—2018 国家电网公司电动汽车交流充电桩技术条件

ISO 80000（所有部分） 量和单位（Quantities and units）

IEC 60027（所有部分） 电工技术用文字符号（Letter symbols to be used in electrical technology）

RFC 3261:2002 SIP概括 会话初始协议(Session Initiation Protocal, SIP)

IEEE C37.94:2017 远程保护和数字复接设备间的N×64kbps光纤接口（N times 64 kbps Optical Fiber Interfaces between Teleprotection and Multiplexer Equipment）

国办发〔2014〕53号 国务院办公厅关于加快新能源汽车推广应用的指导意见

【为增强模板的示范性，第2章中列入的规范性引用文件与本文件规范性要素中的引用文件不完全对应。国内政策性文件默认应遵守，不列入规范性引用文件。】

3 术语和定义*【固定编号和标题的必备章】*

GB/T 1.1—2020界定的以及下列术语和定义适用于本文件。

3.1 文件

3.1.1

标准化文件 standardizing document

通过标准化活动制定的文件。

[来源：GB/T 1.1—2020，3.1.1]

3.1.2

标准 standard

通过标准化活动，按照规定的程序经协商一致制定，为各种活动或其结果提供规则、指南或特性，供共同使用和重复使用的文件。

[来源：GB/T 1.1—2020，3.1.2]

3.2 文件的表述

3.2.1

条款 provision

在文件中表达应用该文件需要遵守、符合、理解或做出选择的表述。

[来源：GB/T 1.1—2020，3.3.1]

3.2.2

要求 requirement

表达声明符合该文件需要满足的客观可证实的准则，并且不准许存在偏差的条款（3.3.1）。

[来源：GB/T 1.1—2020，3.3.2]

3.2.3

推荐 recommendation

表达建议或指导的条款（3.3.1）。

2

[来源：GB/T 1.1—2020，3.3.4]

3.2.4

陈述 statement

阐述事实或表达信息的条款（3.3.1）。

[来源：GB/T 20000.1—2014，9.2，有修改]

3.3 物理量

3.3.1

电阻 Resistance

R［IEC+ISO］

（直流电）在导体中若没有电动势时，用电流除电位差。

注：电阻的单位为欧姆。

4 符号和缩略语

4.1 符号

下列符号适用于本文件。

a——长。

b——宽。

h——高。

V——体积。

4.2 缩略语

下列缩略语适用于本文件。

CIM： 公共信息模型（Common Information Model）

HTTP：超文本传输协议（Hyper Text Transfer Protocol）

TLS：传输层安全性协议（Transport Layer Security）

5 分类和编码

5.1 分类和编码原则

××××××的分类和编码应遵循以下原则：

a） 划分的类别应满足使用的需要；

b） 应尽可能采用系列化的方法进行分类；

c） 对于系列产品应合理确定系列范围与疏密程度等，尽可能采用优先数和优先数系或模数制；

d） 可遵循现行相关标准的规定；

e） 可嵌入关键技术指标，以易于辨识。

[来源：GB/T 20001.10—2014，6.4.3，有修改]

5.2 型号命名方法

依据 5.1 给出的××××××分类和编码原则，××××××系统的型号命名方法应符合××××××。

6 系统构成

××××××系统构成见图1。*【资料性提示图1】*

×××××系统的典型应用见附录A。*【资料性提及附录A［资料性附录］】*

【不在页面顶端，图前空一行】

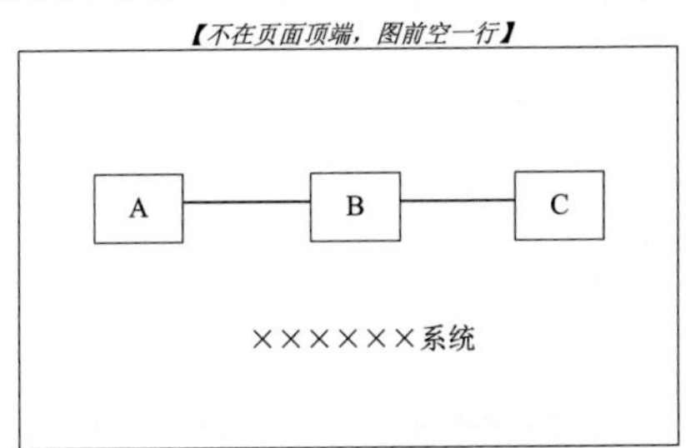

图1 ××××××系统构成示意图

图1中，×××××××系统由模块A、模块B和模块C组成，其中：

a) 模块A，×××××××××××××；

b) 模块B，×××××××××××××；

c) 模块C，×××××××××××××。

【依据本章所述的系统构成、划分和顺序，设置其后技术要素的章/条结构和顺序，分别给出规定和要求】

7 总体原则和总体要求

7.1 总体原则

7.1.1 ××××××××××××*【原则1】*××××××××××××。*【无标题条，不可以提取目次】*

7.1.2 ××××××××××××*【原则2】*××××××××××××××××。

7.2 总体要求

7.2.1 ××××**要求** *【有标题条，可提取目次，但不应作为列项的引语】*

×××××××××应满足以下要求：*【列项引语】*

a) ××××*【要求1】*××××××××××××；*【并列项】*

b) ××××*【要求2】*××××××××××××。*【并列项】*

7.2.2 ××××××××**要求**

×××××××××应符合以下规定：

a) ××××*【规定1】*××××；

b) ××××*【规定2】*××××××××。

8　技术要求*【依据第6章所述的组成、划分和顺序编写】*

8.1　系统

××××××××系统应满足以下通用技术要求：

a)　××××××××××××××；

b)　××××××××××××；

c)　××××××××××××××××。

8.2　模块A

8.2.1　要求1*【有标题条】*

应×××××××××××××××××。

注：×××××××××××××。

8.2.2　要求2

×××××应符合附录B。*【规范性提示附录B（附录B是规范性附录）】*

8.3　模块B

8.3.1　应××××××××*【要求1】*××××××××××××××。*【无标题条】*

8.3.2　应×××××××××*【要求2】*×××××，×××××应符合表3。*【规范性提示表3】*

表3　表题

表头	表项名称（*【符号】*）*【单位】*	电压等级（U）kV	数据速率（V）kbps
×××[a]	×××	×××	×××
×××	×××	—	—
×××	×××	×××	×××[b]
表中说明段可包含要求*【空一个汉字起排，回行顶格编排，段后不必加标点符号】* 注1：表注的内容不应包含要求。*【空两个汉字起排，回行与首行注后首字对齐】* 注2：……。			
[a] 表的脚注内容，可包含要求。*【空两个汉字起排，回行与首行文字对齐】* [b] 表的脚注内容，可包含要求。			

【不在页面底端，表后空一行】

8.4　模块C

8.4.1　要求1

应×××××××××××××，×××××××应符合表4。*【规范性提及表4】*

表4 表题 单位为米

表头	长度	宽度	高度
×××	×××	×××	×××
×××	×××	×××	×××
×××	×××	×××	×××
×××	×××	×××	×××

【不在页面底端，表后空一行】

8.4.2 要求2

系统子站与主站的时间偏差Δt_{SM}应按照公式（1）计算。

$$\Delta t_{SM} = \Delta t_{SSV} - \Delta t_{MSV} = (t_S - t_M) - (d_S - d_M) \tag{1}$$

式中：*【破折号对齐】*

Δt_{SM} ——子站与主站的时间偏差，单位为微秒（μs）；

Δt_{SSV} ——子站与主钟的钟差，单位为微秒（μs）；

Δt_{MSV} ——主站与主钟的钟差，单位为微秒（μs）；

t_S ——子站时间；

t_M ——主站时间；

d_S ——主钟信号抵达子站的路径延时，单位为微秒（μs）；

d_M ——主钟信号抵达主站的路径延时，单位为微秒（μs）。

9 检测条件

9.1 检测环境条件*【9.1为有标题条，9.2和9.3也应为有标题条】*

环境条件要求如下：

a) 温度：－30℃～＋80℃；

b) 相对湿度：60%～70%；

c) 大气压力：86kPa～106kPa。

9.2 仪器设备

检测用仪器设备要求如下：

a) ×××××；

b) ××××××××××。

检测所用的测量仪器、仪表应经过计量检定机构的检定合格，并在有效期内。进入检测场后应进行计量复查，复查合格后给出准用证。检测系统自检程序见附录C。*【资料性提及附录C［附录C是资料性附录］】*

Q/GDW XXXXX.3—20□□

9.3 取样*【可选】*

9.3.1 取样条件

××××××××××××××××××××。

9.3.2 取样方法

××××××××××××××××××××。

9.3.3 样品保存

××××××××××××××××××××。

10 检测方法

10.1 系统*【10.1 为有标题条，10.2、10.3、10.4 也应为有标题条】*

根据 8.1 规定的系统通用技术要求，检测方法和步骤要求如下：*【有标题条的标题不能作为列项引语，应针对列项内容增加引语】*

a) 检测步骤：*【第一层字母列项】*
   1) ××××××××××；*【第二层数字列项】*
   2) ××××××××××。
b) 检测数据处理：
   1) ××××××××××××××××××××；
   2) ××××××××××。
c) 检测结果应满足 8.1 的要求。*【注意两层列项中各并列项句末的标点符号】*

10.2 模块 A

10.2.1 根据 8.2.1 规定的模块 A 的××*【要求 1】*××，检测方法和步骤要求如下：
【10.2.1 为无标题条，10.2.2 也应为无标题条。无标题条的标题可以作为列项引语】

a) 检测步骤：
   1) ××××××××××；
   2) ××××××××××。
b) 检测数据处理：
   1) ××××××××××；
   2) ××××××××××。
c) 检测结果应满足 8.2.1 规定的模块 A 的××*【要求 1】*××。

10.2.2 根据 8.2.2 规定的模块 A 的××*【要求 2】*××，检测方法和步骤要求如下：

a) 检测步骤：
   1) ××××××××××；
   2) ××××××××××。
b) 检测数据处理：

7

1）××××××××××；

2）××××××××××。

c）检测结果应满足 8.2.2 规定的模块 A 的××【*要求 2*】××。

10.3　模块 B

10.3.1　根据 8.3.1 规定的模块 B 的××【*要求 1*】××，检测方法和步骤要求如下：

a）检测步骤：

1）××××××××××；

2）××××××××××。

b）检测数据处理：

1）××××××××××；

2）××××××××××。

c）检测结果应满足 8.3.1 规定的模块 B 的××【*要求 1*】××。

10.3.2　根据 8.3.2 规定的模块 B 的××【*要求 2*】××，检测方法和步骤要求如下：

a）检测步骤：

1）××××××××××；

2）××××××××××。

b）检测数据处理：

1）××××××××××；

2）××××××××××。

c）检测结果应满足 8.3.2 规定的模块 B 的××【*要求 2*】××。

10.4　模块 C

10.4.1　根据 8.4.1 规定的模块 C 的××【*要求 1*】××，检测方法和步骤如下：

a）检测步骤：

1）××××××××××；

2）××××××××××。

b）检测数据处理：

1）××××××××××；

2）××××××××××。

c）检测结果应满足 8.4.1 规定的模块 B 的××【*要求 1*】××。

10.4.2　根据 8.4.2 规定的模块 C 的××【*要求 2*】××，检测方法和步骤如下：

a）检测步骤：

1）××××××××××；

2）××××××××××。

b）检测数据处理：

1）××××××××××；

2）××××××××××。

c）检测结果应满足 8.4.2 规定的模块 C 的××【*要求 2*】××。

Q/GDW XXXXX.3—20□□

11 检验规则

11.1 检验分类

11.1.1 出厂检验

×××应经质量检验部门逐台检验合格，并取得合格证后方可出厂。

【注意检测与检验的区别】

11.1.2 型式检验

凡遇下列情况之一，应进行型式检验：

a) 新产品或老产品转厂生产的试制定型鉴定；

b) 正式生产后，如产品结构、原材料、生产工艺和管理有较大改变，可能影响产品性能时；

c) 产品长期停产后，恢复生产时；

d) 出厂检验结果与上次型式检验有较大差异时。

11.2 检验项目

出厂检验和型式检验项目应符合表5的规定。*【规范性提及表5】*

表5 检验项目

序号	检验项目名称	“技术要求”章条号	“检测方法”章条号	出厂检验	型式检验
1	×××××	第X章	第X章	√	√
2	×××××	X.X	X.X	×	√
3	×××××	X.X	X.X	Δ	√
4	×××××	X.X	X.X	√	√
5	×××××	X.X	X.X	Δ	√
√为应检验项目；Δ为可选检验项目；×为不应检验项目 注：检验项目的次序可能影响检验结果时，酌情对检验项目的次序做出规定。					

11.3 组批规则和抽样方案

型式检验的样品应从出厂检验合格产品中随机抽取三台样品。型式检验结果如有不合格项，可加倍取样，对不合格项目进行复检，如仍存在不合格项，则判该次型式检验不合格。

11.4 判定规则

型式检验未发现不合格项，则判定该批产品合格。如发现有不合格项，则进行加倍抽样，重复进行型式检验，如未发现不合格项，仍判定该批产品合格；如第二次抽取的样品仍存在不合格项，则判定该批产品不合格。

9

Q/GDW XXXXX.3—20□□

12 标志和随行文件

12.1 标志

12.1.1 产品标志

每台×××××上的标志内容至少应包含商标、产品名称、型号规格、出厂编号及制造厂名等内容。

12.1.2 包装标志

用作标志的符号应符合 GB 190、GB/T 191、GB/T 6388。产品包装箱外壁应使用防水标志，包括但不限于：

a) 到站、收货单位和地址；
b) 发站、供货单位和地址；
c) 产品名称、型号和数量；
d) 标明“精密仪器”“小心轻放”“防震”及放置标记“↑”。

12.2 随行文件

产品标准要求提供的随行文件可包括：

a) 产品合格证，符合 GB/T 14436；
b) 产品说明书；
c) 装箱清单；
d) 随机备附件清单；
e) 安装图；
f) 检测报告；
g) 搬运说明；
h) 其他有关资料。

[来源：GB/T 20001.10—2014，6.9.3]

13 包装、运输和贮存

13.1 包装

13.1.1 产品的内包装为入库包装，宜用纸盒及隔震泡沫组合包装。

13.1.2 产品的外包装是为出厂运输进行的包装。可多台仪器组合包装，宜采用木箱及隔震泡沫组合包装。防震、防潮、防尘等包装防护应符合 GB/T 13384 中的有关规定。

13.2 运输

包装后应能适应一般交通运输工具，运输过程中应避免雨雪或其他液体直接淋袭，防止机械损伤。

13.3 贮存

应存放在干燥、通风、无灰尘、无腐蚀性气体的室内。

[来源：GB/T 20001.10—2014，6.10]

10

Q/GDW XXXXX.3—20□□

附 录 A
（资料性）
××××××系统典型应用

A.1 标题

××××××××××*【资料性附录中不应包含要求】*××。

A.2 标题

××××××××*【不应包含要求】*×××××××××××××××见图 A.1。*【资料性提示图 A.1】*

图样

图 A.1 图题

11

Q/GDW XXXXX.3—20□□

附 录 B
（规范性）
××××××速率要求

××应符合表B.1。*【规范性提示表B.1】*

表B.1 表题 单位为毫米

类型	长度	内圆直径
×××	×××[a]	—
×××	×××	×××
×××××××××××××××××××××××，××××××××××××××××××××*【说明段可包含要求】* 注：××。*【注不应包含要求】*		
[a] ×××××××××。*【脚注可包含要求】*		

×××××第一类结构应与图B.1a）相符合，第二类结构应与图B.1b）相符合。*【规范性提示图B.1】*

图样a

a）分图题

图样b

b）分图题

图B.1 图题

12

附　录　C
（资料性）
检测系统自检程序示例

×××××检测系统自检程序示例见图 C.1。*【资料性提及图 C.1，资料性附录中不应包含要求】*

```
MESSAGE sip: 前端系统地址编码@前端系统所属平台域名或 IP 地址 SIP/2.0
From: <sip: 用户地址编码@用户所属平台域名或 IP 地址>;tag=f2161243
To: <sip: 前端系统址编码@前端系统所属平台域名或 IP 地址>
Contact: <sip: 用户地址编码@用户所属平台域名或 IP 地址>
Call-ID: c47a42
Via: SIP/2.0/UDP 用户所属平台 IP 地址;branch=z9hG4bK
CSeq: 1 MESSAGE
Content-type: application/xml
Content-Length: 消息体的长度

<?xml version="1.0" encoding="UTF-8"?>
<SIP_XML EventType=Request_Resource>
    <!--前端系统、场地、前端设备的地址编码-->
    <Item Code="地址编码" FromIndex="期望返回的起始记录数" ToIndex="期望返回的结束记录数"/>
</SIP_XML>
```

图 C.1　检测系统自检程序示例

Q/GDW XXXXX.3—20□□

××××××××
第3部分：××××××××

编 制 说 明

【为增强模板的示范性，编制说明的内容与标准正文不完全对应】

Q/GDW XXXXX.3—20□□

目　　次

【下文中各条的标题及其顺序不可更改，但各条中的陈述性内容仅为示例，可根据实际情况按照文中的形式陈述。】

15

Q/GDW XXXXX.3—20□□

1 编制背景

本文件依据《关于下达 20□□年度国家电网有限公司技术标准制修订计划的通知》（国家电网科〔20□□〕XXX 号文）。

【对于修订项目，应参照以下表述方式，给出被代替标准的起草单位和主要起草人：

本文件代替 Q/GDW XXXXX.3—2019《[被代替标准名称]》、Q/GDW XXXXX.4—□□□□《[被代替标准名称]》、Q/GDW XXXXX—□□□□《[被代替标准名称]》和 Q/GDW/Z XXXXX—□□□□《[被代替标准名称]》。

Q/GDW XXXXX.3—2019《[被代替标准名称]》的起草单位：×××、××××；主要起草人：×××、×××、×××、×××。

Q/GDW XXXXX.4—□□□□《[被代替标准名称]》的起草单位：×××、××××；主要起草人：×××、×××、×××、×××。

Q/GDW XXXXX—□□□□《[被代替标准名称]》的起草单位：×××、××××；主要起草人：×××、×××、×××、×××。

Q/GDW/Z XXXXX—□□□□《[被代替标准名称]》的起草单位：×××、××××；主要起草人：×××、×××、×××、×××。】

在××××领域、××××方面，因国家政策/电网发展/产业优化/市场变化/系统及产品国际化等，亟需规范××××/统一××××/建立/完善××××标准体系/与现行××××标准配套，有迫切的标准化需求。

编制本文件的目的在于××××。*【对于修订项目，应简要给出修订理由】*

2 编制原则

为保证先进性、适用性等，本文件主要根据以下原则编制：

a） 注重优化、完善相关××××标准体系，与××××标准配套；
b） 注重与××××领域相关国家标准、行业标准、企业标准等技术标准等协调；
c） 注重××××方面电网特殊要求及实际技术应用、现场维护检修等方面的经验积累，并考虑主流厂家技术动态、技术文件等，保证标准的技术先进性、经济适用性；
d） 注重××××关键技术指标和参数的可证实性，开展××××试验验证，保证标准的科学性和实施可靠性。

3 与其他标准/文件的关系

（1）协调一致性。

本文件遵从××××技术领域的国家法律、法规和行业有关规定。

本文件在××××方面与同类国家标准 GB/T XXXXX—□□□□《×××××》无矛盾冲突，在××××方面技术要求高于 GB/T XXXXX—□□□□《××××》，并在××××方面进行了细化。……

本文件在××××方面与行业标准 DL/T XXXX—□□□□《×××××》内容关联，无矛盾冲突，在××××方面严于 DL/T XXXX—□□□□《×××××××》，并在××××方面进行了细化。……

本文件在××××方面与企业标准 Q/GDW XXXXX—□□□□《××××》内容关联，无矛盾冲突，在××××方面体现差异化。……

本文件在××××方面与企业指导性技术文件 Q/GDW/Z XXXXX—□□□□《××××》无矛盾冲突，在××××方面体现差异化。……

16

……

（2）知识产权说明。

本文件未涉及知识产权：

——本文件内容中未涉及的专利、著作权等知识产权；

——本文件规范性引用的国内标准化文件中未涉及知识产权条款；

——本文件规范性引用的国际标准或国外标准未涉及知识产权条款；

——本文件未采用国际标准或国外标准编制。

【或：本文件的发布机构提请注意，声明符合本文件时涉及以下知识产权的使用：

a） 专利：

专利名称1（状态：如申请/授权/公开）（编号：申请号/授权号/公开号），×××××××××。

专利名称2（状态：如申请/授权/公开）（编号：申请号/授权号/公开号），×××××××××。

b） 软件著作权：软件著作权名称1（状态：×××××××××），软件著作权名称2（状态：×××××××××），×××××××××。

c） 商标权：商标权名称1（状态：×××××××××），商标权名称2（状态：×××××××××），×××××××××。

d） 其他知识产权：……

本文件涉及的知识产权问题已按照《国家电网有限公司技术标准管理办法》的规定披露并处置，相关信息披露和证明材料及实施许可声明已随本文件报批材料归档。】

（3）宣贯、实施保密说明。

本文件宣贯和实施中的保密要求如下：

a） 宣贯：重点×××××××××；

b） 实施：×××××××××方案。

（4）参考文献。

本文件中的资料性引用文件：

GB/T XXXXX—□□□□　×××××××××

GB XXXXX ×××××××××

DL/T XXXX—□□□□　×××××××××

DL/T XXXXX（所有部分）　×××××××××

NB/T XXXX—□□□□　×××××××××

Q/GDW XXXXX　×××××××××

Q/GDW/Z XXXXX—□□□□　×××××××××

IEC XXXXX:□□□□　×××××××××

本文件的主要参考文献：

GB/T XXXXX—□□□□　×××××××××

保密〔2015〕3号　中央企业商业秘密安全保护技术指引

……

4 主要工作过程

20□□年□□月，根据公司技术标准制修订计划，项目启动，……本项目下达计划中是/否包含关键指标验证要求。

20□□年□□月，成立编写组，项目第一承担单位××××的人员担任组长，成员单位包括×××、××××、×××，具有广泛的代表性，覆盖相关领域各主要方：××××、×××、××××。

20□□年□□月，完成标准大纲编写，××××组织召开大纲研讨会，……*【如有重要意见分歧，应说明具体情况及协调结果】*

20□□年□□月，完成标准征求意见稿编写，采用……方式广泛、多次在××××范围内征求意见。*【如有重要意见分歧，应说明具体情况及协调结果】*

20□□年□□月，修改形成标准送审稿。

20□□年□□月，由××××组织召开了标准审查会，××××审查结论为：××××××××。

20□□年□□月，修改形成标准报批稿。

【下达计划中包含关键指标验证要求的项目应说明试验验证情况和达到的效果，其他项目如有应说明。】

5　结构和内容

【对于部分标准，应参照下文，阐述所有部分的构成，以及对每部分的定位。本部分与其同时报批的部分均应视为已发布】

本文件是 Q/GDW XXXXX—20□□的第 3 部分。Q/GDW XXXXX—□□□□拟由以下 X 个部分构成。

——第 1 部分：××××（已发布）。目的是规范××××。

——第 2 部分：××××××（已发布）。目的是规范××××。

——第 3 部分：××××××××（已发布）。目的是规范××××。

——第 4 部分：××××（未发布）。目的是规范××××。

……

——第 N 部分：××××（未发布）。目的是规范××××。

【对于名称中包含“技术要求”的标准，可参照下文，陈述文件各技术要素章的设置思路、结构和主要内容】

本文件为技术要求标准，对于×××××系统/技术*【文件名称中的标准化对象】*，按照系统构成——功能要求——性能要求的顺序编写。第 5 章中确立×××××系统/技术的构成（包括分系统或组成单元），给出结构示意图，陈述图中各组成部分的特性和作用；第 6 章中按照第 5 章中的细分组成和顺序提出各组成部分的功能要求；第 7 章中顺序提出各组成部分的性能要求。根据需要，文件中还设置了其他技术要素，如××××定义、计算方法等。

本文件的附录 A 为资料性附录，由第 5 章指明，给出了×××××系统/技术的典型应用案例；附录 B 为规范性附录，由第 6 章指明，界定了××××的相关定义。

……

【对于试验方法标准，可参照下文，陈述文件各技术要素章的设置思路、结构和主要内容。此类标准名称中包含“试验”/“检测”/“测定”/“测试”，全文同义词应仅用其一】

本文件为试验方法标准，试验方法是分析方法和测量方法等的总称，试验方法标准在文件形式上具有典型结构。依据 GB/T 1.1—2020 和 GB/T 20001.4《标准编写规则　第 4 部分：试验方法标准》，对于×××××系统/设备*【文件名称中的标准化对象】*的试验*【试验或检测均可用，但同一文件只能用其一】*方法，按照试验条件（第 5 章）——仪器设备——被测×××××系统/设备的组成（样品）——试验步骤——试验数据处理——试验报告的顺序编写，一脉相承。

本文件是《×××××》标准的第 3 部分。本文件首先在引言中确定了与本标准的第 2 部分 Q/GDW XXXXX.2—□□□□《×××××　第 2 部分：技术要求》配套使用。本文件第 5 章试验条件中给出了试验对象本身之外可能影响试验结果的因素的限制范围（包括温度、湿度、气压、电源等）；第 6 章列出试验中所使用的仪器设备名称，指明见附录 A 中详述其主要特性要求；第 7 章给出被测××××

××系统/设备的构成，给出结构示意图，陈述图中被测系统/设备各组成部分/部件（其名称及陈述顺序与配套使用的技术要求文件 GB/T XXXXX—□□□□一致）；第 8 章～第 X 章按照第 7 章中的细分部分和顺序给出试验前准备（被测各组成部分的试验/检测连接等）、步骤，并注明对应技术要求文件的具体/章条号等；第 X+1 章明确试验数据处理；第 X+2 章中给出试验报告。根据需要，文件中还设置了其他技术要素，如试验原理、精密度和测量不确定度等。

……

【对于名称中包含“规范”的标准，可参照下文，陈述文件各技术要素章的设置思路、结构和主要内容】

本文件为规范标准，在文件形式上具有典型结构，依据 GB/T 1.1—2020 和 GB/T 20001.5《标准编写规则 第 5 部分：规范标准》的要求，对于×××××系统/技术*【文件名称中的标准化对象】*，按照系统构成——技术要求（包括功能和性能要求）——检测方法（包括功能和性能检测）的顺序编写，一脉相承。本文件第 6 章中确立×××××系统/技术的构成（包括分系统或进一步的组成单元），给出结构示意图，陈述图中各组成部分的特性和作用；第 7 章给出系统总体要求；第 8 章按照第 6 章中的细分名称和顺序提出各组成部分的功能要求；第 9 章中顺序提出各组成部分的性能要求；第 10 章给出系统整体检测条件和环境；第 11 章中采用分析方法对于第 8 章中的功能要求一一对应的给出检测方法；第 12 章采用测量方法对于第 9 章中的性能要求一一对应的给出检测方法，文件中给出的试验方法能确保试验结果的准确度在规定的要求范围内。根据需要，文件中还设置了其他技术要素，如试验条件、计算方法等。

本文件的附录 A 为资料性附录，由第 5 章指明，给出了×××××系统/技术的典型应用案例；附录 B 为规范性附录，由第 6 章指明，界定了××××的相关定义。

……

【对于产品标准，可参照下文陈述文件各技术要素章的设置思路、结构和主要内容】

本文件为产品标准，在文件形式上具有典型结构，依据 GB/T 1.1—2020 和 GB/T 20001.10《标准编写规则 第 10 部分：产品标准》，因为文件名为产品名称，所以本文件第 6 章～第 11 章依次给出了×××××产品的技术指标、取样、试验方法、检验规则、标志和标签及随行文件、包装和运输及贮存等各方面的要求。其中关于结构和内容设置需要特别说明的是××××××。

6 条文说明

【下述内容仅为示例，可根据实际情况以恰当的方式阐述有关情况。】

本文件第 N 章中，关于计算方法的选择是基于××××××，考虑到××××××，公式中需要说明的是××××××。

本文件第 N.M 条中，××技术指标严于 GB/T XXXXX—2018，是因为×××××××××，×××见××××××试验验证报告。

【此处应有终结线，终结线为居中的粗实线，长度为版芯宽度的 1/4，不准许单独占一页】